职业教育"动漫设计制作"专业系列教材

"文化创意"产业在职岗位培训系列教材

Flash 动画设计与制作

李　冰　主　编

吴　琳　李　璐　副主编

U0350503

清华大学出版社

北　京

内 容 简 介

本教材作为动画专业的必修基础课程,以培养具备数字化动画能力和技能人才为目标,结合 Flash 设计制作及实际应用,系统介绍:Flash 应用基础、动画设计、绘制图形、编辑图形、处理位图、动画制作、动画移动、影片浏览器、影片播放器、音频与视频、Flash CS5 的操作方法等知识,并注重通过强化训练提高应用技能与能力。

本书结构合理、流程清晰、图文并茂、通俗易懂、突出实用性,并采用新颖统一的格式化体例设计,本书适用于高校本科生、专升本及高职高专院校动漫专业基础课程的教学,也可以作为动漫设计企业和动画游戏制作公司从业者的岗位培训教材,对于社会广大动漫自学者也是一本有益的参考读物。

图书在版编目(CIP)数据

Flash 动画设计与制作/李冰主编. --北京:清华大学出版社,2013
职业教育"动漫设计制作"专业系列教材 "文化创意"产业在职岗位培训系列教材
ISBN 978-7-302-32845-2

Ⅰ. ①F… Ⅱ. ①李… Ⅲ. ①动画制作软件-职业教育-教材 Ⅳ. ①TP391.41

中国版本图书馆 CIP 数据核字(2013)第 136165 号

责任编辑:田在儒
封面设计:王丽萍
责任校对:刘 静
责任印制:杨 艳

出版发行:清华大学出版社
      网   址:http://www.tup.com.cn,http://www.wqbook.com
      地   址:北京清华大学学研大厦 A 座   邮   编:100084
      社 总 机:010-62770175   邮   购:010-62786544
      投稿与读者服务:010-62776969,c-service@tup.tsinghua.edu.cn
      质量反馈:010-62772015,zhiliang@tup.tsinghua.edu.cn
      课件下载:http://www.tup.com.cn,010-62795764
印 刷 者:北京世知印务有限公司
装 订 者:三河市溧源装订厂
经   销:全国新华书店
开   本:185mm×260mm   印   张:14.5   字   数:334 千字
版   次:2013 年 11 月第 1 版   印   次:2013 年 11 月第 1 次印刷
印   数:1~2000
定   价:35.00 元

产品编号:054646-01

Flash动画设计与制作

序 言

　　随着国家经济转型和产业结构调整,2006年国务院办公厅转发了财政部等部门《关于推动中国动漫产业发展的若干意见》,提出了推动中国动漫产业发展的一系列政策措施,有力地促进和推动了我国动漫产业的快速发展。

　　据统计,2007年国内已有30多个动漫产业园区、5400多家动漫机构、450多所高校开设了动漫专业、有超过46万名动漫专业的在校学生;84万个各类网站中,动漫网站约有1.5万个,占1.8%,比2006年增加了4000余个,增长率约为36%;动漫网页总数达到5700万个,增长率为50%。根据文化部专项调查显示,2010年中国动漫产业总产值为470.84亿元,比2009年增长了近28%。

　　动漫产品、动漫衍生产品市场空间巨大,每年儿童动漫产品及动漫形象相关衍生产品:食品销售额为350亿元、服装销售额为900亿元、玩具销售额为200亿元、音像制品和各类出版物销售额为100亿元,以此合计,中国动漫产业拥有超千亿元产值的巨大市场发展空间。

　　动漫作为新兴文化创意产业的核心,涉及图书、报刊、电影、电视、音像制品、舞台演出、服装、玩具、电子游戏和销售经营等领域,并在促进商务交往、丰富社会生活、推动民族品牌创建、弘扬中华古老文化等方面发挥着越来越大的作用,已经成为我国创新创意经济发展的"绿色朝阳"产业,在我国经济发展中占有一定的位置。

　　当前,随着世界经济的高度融合和中国经济的国际化发展,我国动漫设计制作业正面临着全球动漫市场的激烈竞争;随着发达国家动漫设计制作观念、产品、营销方式、运营方式、管理手段的巨大变化,我国动漫设计制作从业者急需更新观念、提高技术应用能力与服务水平、提高作品质量与道德素质,动漫行业和企业也在呼唤"有知识、懂管理、会操作、能执行"的专业实用型人才;加强动漫企业经营管理模式的创新、加速动漫设计制作专业技能型人才培养已成为当前亟待解决的问题。

　　由于历史原因,我国动漫业起步晚但是发展速度却非常快。目前动漫行业人才缺口高达百万人,因此使得中国动漫设计制作公司及动漫作品难以在世界上处于领先地位,人才问题已经成为制约中国动漫事业发展的主要瓶颈。针对我国高等职业教育"动漫设计制作"专业知识新、教材不配套、重理论、轻实践、缺乏实际操作技能训练等问题,为适应社会就业急需、为满足日益增长的动漫市场需求,我们组织了多年从事动漫设计制作教学与创作实践活动的国内知名专家、教授及动漫公司业务骨干共同精心编撰本套教材,旨在迅速提高大学生和动漫从业者的专业技术素质,更好地为我国动漫事业的发展服务。

本套系列教材定位于高等职业教育"动漫设计制作"专业,兼顾"动漫"企业员工职业岗位技能培训,适用于动漫设计制作、广告、艺术设计、会展等专业。本套系列教材包括:《动漫概论》、《动漫场景设计造型——动画规律》、《游戏动画设计基础——手绘动画》、《漫画插图技法解析》、《三维动画设计应用》、《动漫视听语言》、《3ds Max 动漫设计》、《Flash 动画设计与制作》、《动漫后期合成与编辑》、《动漫设计工作流程》、《动漫设计基础——色彩》、《经典动漫作品赏析》、《卡通形象设计》等教材。

本系列教材作为高等职业教育"动漫设计制作"专业的特色教材,坚持以科学发展观为统领,力求严谨,注重与时俱进;在吸收国内外动漫设计制作界权威专家、学者最新科研成果的基础上,融入了动漫设计制作与应用的最新教学理念;依照动漫设计制作活动的基本过程和规律,根据动漫业发展的新形势和新特点,全面贯彻国家新近颁布实施的广告和知识产权法律、法规及动漫业管理规定;按照动漫企业对用人的需求模式,结合解决学生就业、加强职业教育的实际要求;注重校企结合,贴近行业、企业业务实际,强化理论与实践的紧密结合;注重创新、设计制作方法、运作能力、实践技能与岗位应用的培养训练;严守统一的格式化体例设计,并注重教学内容和教材结构的创新。

本系列教材的出版,对帮助学生尽快熟悉动漫设计制作操作规程与业务管理,对帮助学生毕业后能够顺利就业具有积极意义。

编委会

2012 年 6 月

　　动画作为国家文化创意产业的核心支柱,在国际商务交往、广告宣传、促进影视传媒会展发展、丰富社会生活、拉动内需、解决就业、推动经济发展、构建和谐社会、弘扬中华文化等方面发挥重要作用,已经成为中国文化和IT领域重点扶持产业,在我国产业转型、经济发展中占有极其重要的位置,因而已成为最具活力的绿色朝阳产业。

　　Flash动画设计制作既是动画专业的必修基础课程,也是动漫企业从业就业者所必须掌握的基本知识技能。当前面对国际动漫产业的迅猛发展与激烈的市场竞争,对从业者专业技术素质的要求也越来越高,社会经济发展和国家产业变革急需大量具有理论知识与实际操作技能的复合型游戏动画设计制作专门人才。

　　促进我国文化创意产业经济活动和游戏动画设计制作业的顺利运转,加强现代动漫从业者应用技能培训,强化专业综合业务素质培养,增强企业核心竞争力,加速推进动漫设计制作产业化进程,提高我国游戏动画、手绘动画设计制作水平,更好地为我国文化创意产业和动漫设计制作教学服务,这既是动漫企业可持续快速发展的战略选择,也是本书出版的真正目的和意义。

　　本书共九章,以学习者应用能力培养为主线,坚持以科学发展观为统领,结合国际游戏动画设计创新与制作手段发展的新形势和新特点,根据游戏动画设计制作的基本原则、过程与规律,以培养具备数字化动画能力和专业技能的游戏动画人才为目标,结合Flash动画设计制作的核心内容,系统介绍:Flash应用基础、动画设计、绘制图形、编辑图形、处理位图、动画制作、动画移动、影片浏览器、影片播放器、音频与视频、Flash CS5的操作方法等知识,并注重通过强化训练提高应用技能与能力。

　　本书作为职业教育动漫动画设计专业的特色教材,严格按照教育部关于"加强职业教育,突出实践能力培养"的教学改革要求,针对Flash动画设计制作课程的特殊要求和职业应用能力培养目标,力求做到"课上讲练结合,重在流程和方法的掌握;课下会用,能够具体应用于实际工作。"这将有助于学生尽快掌握Flash动画设计制作应用技能、熟悉业务操作规程,对于学生毕业后顺利走上社会就业具有特殊意义。

　　由于本书融入Flash设计应用最新的实践教学理念,力求严谨,注重与时俱进,具有结构合理、流程清晰、图文并茂、通俗易懂、突出实用性等特点,并采用新颖统一的格式化体例设计,因此本书既适用于高校本科生、专升本及高职高专院校动漫专业基础课程的教学,也可以作为网络公司、动漫设计企业、动画游戏制作公司从业者的岗位培训教材,对于社会广大动漫自学者也是一本非常有益的参考读物。

本教材由李大军进行总体方案策划,并具体组织;李冰主编,并统稿;吴琳、李璐为副主编;由动漫设计制作专家梁露教授审订。作者编写分工:牟惟仲(序言),李冰(第 1 章、第 4 章、第 5 章),吴琳(第 2 章),梁玉清(第 3 章),易琳(第 6 章、第 7 章),李璐(第 8 章),易琳、李璐(第 9 章),温丽华(附录),华燕萍(文字修改和版式调整),李晓新(制作教学课件)。

在教材编著过程中,我们参阅了大量有关 Flash 动画设计制作应用的最新书刊和相关网站资料,并得到编委会及业界专家教授的具体指导,在此一并致谢。为配合本书使用,我们提供配套电子课件,读者可以从清华大学出版社网站(www.tup.com.cn)免费下载。因 Flash 动画设计制作技术发展快,且作者水平有限,书中难免存在疏漏和不足,恳请同行和读者批评指正,以便修订和完善。

编　者

2013 年 8 月

目 录

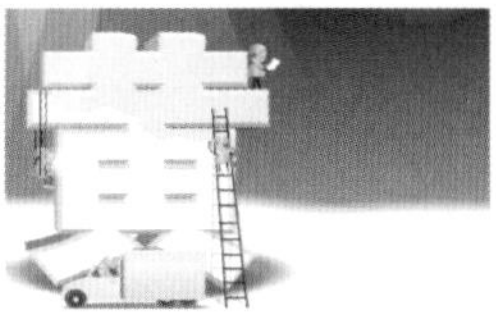

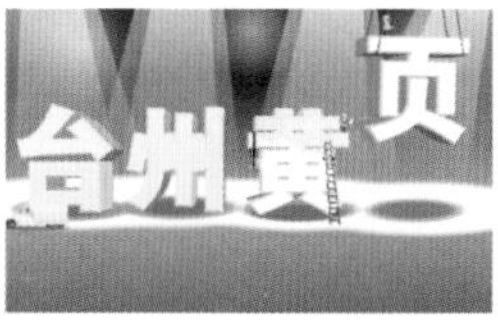

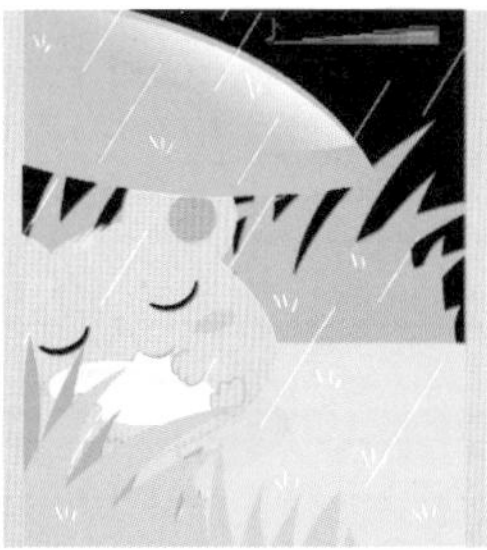

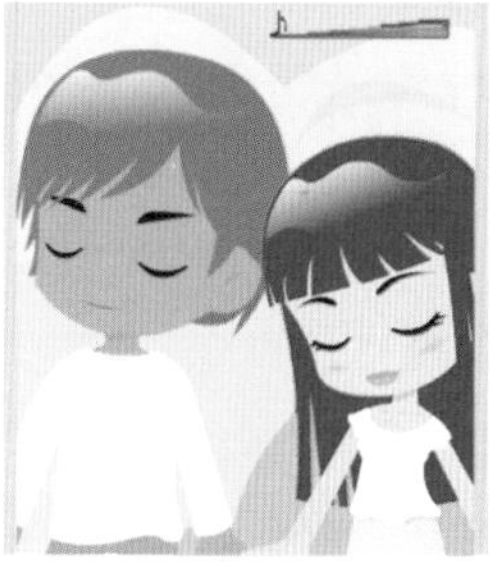

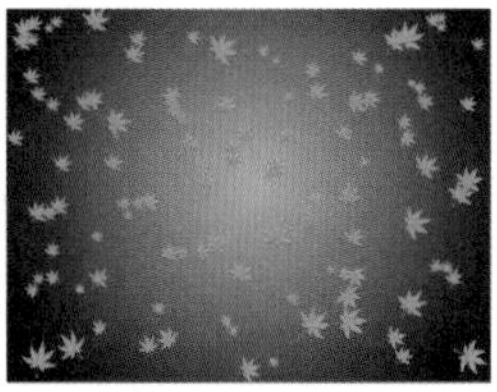

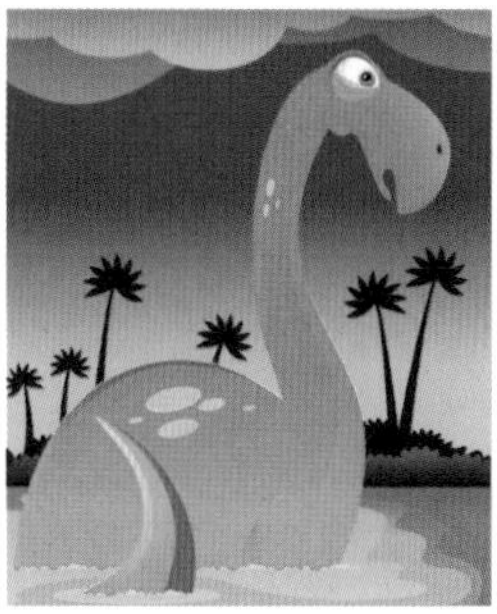

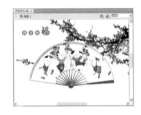

第1章

Flash CS5 应用基础

【学习要点及目标】

1. 理解 Flash 动画的基本原理；
2. 熟悉 Flash CS5 的工作界面；
3. 掌握 Flash CS5 的文档操作方法；
4. 掌握 Flash CS5 中辅助工具的使用方法。

【本章导读】

Flash 是由 Adobe 公司推出的交互式矢量图和 Web 动画的标准，网页设计者使用 Flash 能够创作出既漂亮又可改变尺寸的导航界面以及其他奇特的效果。

Flash 广泛用于创建吸引人的应用程序，它们包含丰富的视频、声音、图形和动画。可以在 Flash 中创建原始内容或者从其他 Adobe 应用程序（如 Photoshop 或 Illustrator）导入它们，快速设计简单的动画，以及使用 Adobe ActionScript 3.0 开发高级的交互式项目。设计人员和开发人员可使用它来创建演示文稿、应用程序和其他允许用户交互的内容。

Flash 可以包含简单的动画、视频内容、复杂演示文稿和应用程序以及介于它们之间的任何内容。Flash 代表着多媒体技术发展的方向，并且会越来越多地在交互式多媒体技术和设备上运用和发展。

第一节　动画设计基础

一、动画基本原理

动画中人物活动的原理和故事片中人物活动的原理是一致的，都是利用人们眼睛的视觉残留作用，通过拍摄在电影胶片上的一格又一格的不动的，但又是逐渐变化着的画面，以每秒钟跳动 24 格的速度连续放映，造成人物活动的感觉。

1. 视觉残留

人体的视觉器官，在看到的物像消失后，仍可暂时保留视觉的印象。经科学家研究证实，视觉印象在人的眼中大约可保持 0.1 秒。如果两个视觉印象之间的时间间隔不超过

0.1 秒，那么前一个视觉印象尚未消失，而后一个视觉印象已经产生，并与前一个视觉印象融合在一起，就形成视觉残（暂）留现象。

2. 动画拍摄

动画是逐格拍摄的，先排好一幅幅画面，拍摄了一个画格之后，让摄影机停止转动，换上另一幅画面，再拍一个画格。放映时，胶片在放映机中的运转速度也是每秒 24 格，这样，动画片就动起来了。

故事片在拍摄过程中，摄影机可以自由地从各种不同的角度进行拍摄，它的"推、拉、摇、移"主要是通过摄影机本身的运动完成的。

动画片在拍摄过程中，摄影机是固定在特制的机架上进行拍摄的，摄影机只能在一个角度进行上、下、左、右等运动，它的"摇、移"主要是通过画面的运动来完成的。动画片中人物动作的幅度和速度完全取决于图画。当表现某一动作时，所画的图画越多，每幅画之间的差别越小，动作就显得越慢越平稳；反之，图画越少，每幅画之间差别越大，动作也就显得越快越剧烈。

3. 拍摄方法

由于动画片是将一幅幅有序的画面通过逐格拍摄连续放映的方法使形象活动起来的，因此，它不但能使一切生物（人物、动物、植物）按照创作者的意志活动起来，也可以赋予非生物以生命，使桌、椅、板、凳、锅、碗、瓢、盆，乃至各种固定的建筑物都按创作者的意志活动起来。

动画片能非常鲜明地表现某些自然现象，如风、雪、雷、雨、水、火、烟、云等。动画片还可以通过叠化等技巧，直接使一种形象变化为另一种形象，如《大闹天宫》中孙悟空的"七十二变"等。动画片的表现力极其丰富，几乎什么都可以表现，为创作人员充分发挥自己的想象力提供了广阔的天地。动画片特别适用于表现夸张的、幻想的、虚构的题材，它可以把幻想和现实紧紧交织在一起，把幻想的东西通过具体形象表现出来，从而使动画片具有独特的感染力。

在有的动画摄影台下部，装有折射镜和透镜，并附有逐格放映机，它能把摄有真人活动或实景的影片逐格放映，将一幅幅画面折射上去，与画在透明赛璐珞胶片上的一幅幅的动画画面合在一起，逐格进行拍摄，拍摄出真人与动画合成的影片。

传统动画对于制作人员的技能要求比较高，从业者必须经过长期的培训与实际操作才能逐渐达到合格的行业标准。传统动画制作需要相当数量的制作人员参与到不同部门协同工作，密切配合，才可以顺利完成。其中包括编剧、导演、美术设计（人物设计和场景设计）、设计稿、原画动作设计、修型、动画、绘景、描线、上色、校对、摄影、剪辑、作曲、拟音、对白配音、音乐录音、混合录音和洗印等。由于创作方式的限制，创作效率较低，修改也不方便，导致成本居高不下。

计算机动画，就是借助计算机完成作品制作的动画片种。可以由计算机辅助完成一部分制作工作，也可以完全由计算机承担整个制作任务。而随着网络的发展和普及，适合网络特点的计算机动画技术层出不穷，形成了计算机动画的又一个分支，即网络动画。

网络动画与传统动画有很大的不同，即它应该具备适合网络传输的特点，也就是制作完成的影像文件必须尽可能小。因此同样是计算机动画,生成和显示动画的图形算法不一样,使用的制作软件不一样,文件格式不一样,文件的大小也不一样。网络动画由于采用了矢量图形,其文件很小,一个几分钟的作品,甚至只有几百"KB"大小。网络动画不仅文件小,而且画面的线条简洁、颜色鲜艳,对计算机硬件的要求不高,软件操作也比较容易,适合个体创作。

网络动画的形式很多,像著名的 Flash 动画,就是由 Flash 软件制作的二维网络动画。Flash 动画的原理与传统动画类似,图像是通过计算机导入素材或自己绘制、编辑所产生的。Flash 动画的每个画面称为 1 帧,播放的速度则称为帧频,以每秒播放的帧数(fps)为单位。帧频如设置过慢,则动画会不够流畅;反之,则闪烁、跳跃、转瞬即逝。

计算机的处理速度、网络的传输速度以及动画本身的复杂程度,都会影响 Flash 动画播放的流畅程度。由于 Flash 动画主要的展示平台是互联网,通常每秒 12 帧已经可以达到较好的播放效果。

Flash 软件的操作方法比较简单,其中包含了众多减轻动画制作人员工作量的措施和提高效率的机制,有效地体现了计算机辅助设计的优越性。它的出现大大降低了制作动画的门槛,从而使看似高深的动画世界也向普通用户敞开了大门。

二、Flash 动画的优势

Flash 软件之所以能够在短短的时间内风靡全球,和它自身独特的优势是分不开的。在网络动画软件竞争日益激烈的今天,Adobe 公司正凭借其对 Flash 的正确定位和雄厚的开发实力,使 Flash 的新功能层出不穷,从而奠定了 Flash 在交互动画上不可动摇的霸主地位。Flash 动画主要具有以下特点。

1. 制作简单

Flash 的制作过程相对比较简单,普通用户掌握其操作方法,即可发挥自己的想象力创作出简单的动画。

2. 交互性强

Flash 动画具有很强的交互性,可以让浏览者融入动画中去,通过使用鼠标单击、选择决定故事的发展,让浏览者成为动画中的一个角色。凭借 Flash 交互功能强等独特的优势,Flash 动画具有更新颖的视觉效果,比传统动画更加亲近观众。

3. 传播速度快

人们较为熟悉的 Flash 动画的表现形式有动画短片、Flash 小游戏和 Flash MTV。因其文件较小,内容丰富,在网络中下载和传播的速度较快,有着不可比拟的网络传播优势。

4. 节省成本

使用 Flash 制作动画,极大地降低了制作成本,可以大大减少人力、物力资源的消耗。同时 Flash 全新的制作技术可以让动画制作的周期大大缩短,并且可以做出更酷更炫的效果。

5. 跨媒体传播

Flash 动画作为一种新时代的艺术表现形式,随着许多精品动画的出现,不断受到各界人士的关注和青睐,其传播的方式逐渐走出单一的网络传播途径,走向传统媒体与新兴媒体,可以在电视甚至电影中播放,大大拓宽了它的应用领域。

三、Flash 动画的应用

Flash 技术发展到今天,已经真正成为网络多媒体的既定标准,在互联网中得到广泛的应用与推广。现在网络上随处可见使用 Flash 制作的动画、广告、交互动画、MTV 以及游戏;并且 Flash 已经逐步进入了手机应用市场,人们可以使用手机设置 Flash 屏保、观看 Flash 动画、玩 Flash 游戏,甚至使用 Flash 进行视频交流,Flash 已经成为了跨平台多媒体应用开发的一个重要分支。

1. 网站动画

在早期的网站中只有一些静态的图像和文字,页面显得比较呆板。而现在的网页中越来越多地使用 Flash 动画来装饰页面,例如 Flash 制作的网站 Logo、Flash 导航和 Flash 按钮等,如图 1-1 所示。

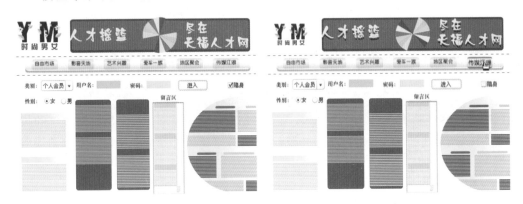

图 1-1　网站动画

2. 片头动画

片头动画通常用于网站的引导页面,具有很强的视觉冲击力。好的 Flash 片头动画,往往会给用户留下很深的印象,这样可以更好地吸引浏览者注意,增强网页的感染力,如图 1-2 所示。

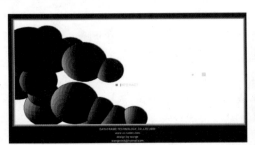

图 1-2　网站片头动画

3. 广告动画

Flash 广告动画一般会采用很多电视媒体制作的表现手法,而且短小、精悍,适合于网络传输。目前越来越多的知名企业都通过 Flash 动画进行广告宣传,如图 1-3 所示。

图 1-3　广告动画

4. Flash 整站

Flash 具有良好的动画表现力和强大的后台技术,并支持 HTML 与网页编程语言的使用,使得越来越多的 Flash 动画爱好者和企业开始制作纯 Flash 动画的网站,Flash 整站动画能够给浏览者带来更加强大的视觉冲击力,如图 1-4 和图 1-5 所示。

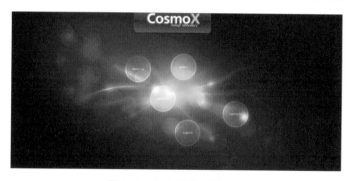

图 1-4　Flash 整站动画(一)

图 1-5　Flash 整站动画(二)

5. Flash 教学课件

随着多媒体教学的普及,Flash动画越来越广泛地应用到教学课件制作上,使得课件功能更加完善,内容更加精彩,如图1-6所示。

6. Flash 贺卡

使用Flash制作的贺卡互动性强,表现形式多样,文件体积小,传递更加快速方便,并且可以亲自进行创意设计,可以更好地表达对亲人和朋友的情感,如图1-7所示。

图 1-6　Flash 教学课件　　　　　图 1-7　Flash 贺卡

7. Flash 短片和 MTV

Flash非常适合制作动画短片,在Flash动画短片中配上合适的音乐,吸引力更强。使用Flash制作MTV已经逐步商业化,唱片公司开始推出使用Flash技术制作MTV,开启了商业公司探索网络的又一途径,如图1-8所示。

图 1-8　"老鼠爱大米"MTV

8. Flash 游戏

Flash强大的交互功能搭配其优良的动画能力,使得它能够在游戏领域中占有一席之地。Flash游戏可以实现任何内容丰富的动画效果,也已走向商业化,如图1-9所示。

9. 手机应用

手机的技术发展,已经为Flash的传播提供了技术保障,并且使用Flash可以制作出很多的手机应用动画,包括Flash屏保、Flash主题、Flash手机游戏和Flash手机应用工

图 1-9 跳绳游戏

具等。Flash 的应用远远不止这些,它在电子商务与其他的媒体领域也得到了广泛的应用。相信随着 Flash 技术的发展,Flash 的应用范围将会越来越广泛。

第二节 Flash CS5 的工作界面

一、打开 Flash,新建文档

选择"开始"→"程序"→Adobe Flash CS5 Professional 命令,或者双击桌面上的快捷图标,都可以启动 Flash CS5 软件。默认情况下,每次启动时,系统自动弹出启动向导对话框,如图 1-10 所示。

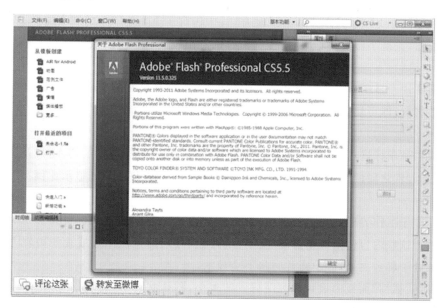

图 1-10 启动向导对话框

新建一个文档后,将出现 Flash CS5 默认的工作界面,如图 1-11 所示。

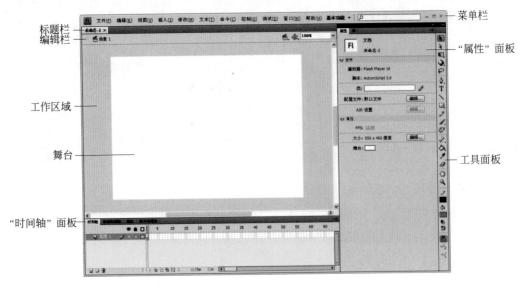

图 1-11　工作界面

二、Flash 工作界面及面板

Flash CS5 默认的工作界面包括菜单栏、标题栏、编辑栏、舞台、工作区域、"时间轴"面板、工具面板和"属性"面板等。

1. 菜单栏

菜单栏位于 Flash 工作界面的最上方,其中包含了 Flash CS5 的所有菜单命令、工作区布局按钮、关键字搜索,以及用于控制窗口的三个按钮(最小化、最大化和关闭)。

2. 标题栏

标题栏用于显示 Flash 中打开文件的名称,其中高亮显示的文档为当前编辑的文档。单击文件名称,即可切换当前编辑文档。

3. 编辑栏

编辑栏位于标题栏的下方,主要用于控制场景与元件编辑窗口的切换,以及场景与场景、元件与元件之间的切换,还可以在右侧的下拉列表中调整窗口的显示比例。

4. 舞台

舞台位于工作界面的正中间部位,是动画对象展示的区域,也就是导出影片时能够显示的区域。这些内容包括矢量插图、文本框、按钮、导入的位图图形或视频剪辑等。如果动画对象处于舞台之外,导出影片时将不会显示。

可以在"属性"面板中设置和改变舞台的大小,默认状态下,舞台的宽为 550 像素,高为 400 像素。工作时根据需要可以改变舞台显示的比例大小,可以在编辑栏右上角的"显示比例"下拉列表框中设置显示比例,最小比例为 25%,最大比例为 800%。在下拉菜单中有以下三个选项。

- 符合窗口大小：用来自动调节到最合适的舞台比例大小；
- 显示帧：可以显示当前帧的内容；
- 全部显示：能显示整个工作区中包括在舞台之外的元素。

5. 工作区域

工作区域是制作动画的区域，包括可显示的舞台和不能显示的舞台之外的区域（灰色显示的区域）。

6. "时间轴"面板

"时间轴"面板是创作动画的主要面板，在制作 Flash 动画时，主要就是在时间轴中对帧进行编辑，动画的播放也是靠时间轴来控制的。"时间轴"面板包括图层操作区域和帧操作区域，如图 1-12 所示。

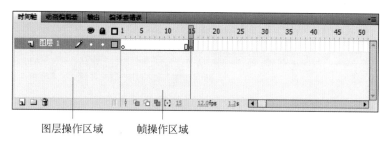

图层操作区域　　帧操作区域

图 1-12　"时间轴"面板

（1）图层操作区域中的图层由上到下排列，上方图层中的对象会叠加到下方图层上。在图层操作区域中，可以对图层进行如下操作。

- 创建图层。
- 删除图层。
- 锁定图层。
- 显示/隐藏图层。
- 创建图层组。

（2）帧操作区域。帧操作区与图层操作区域对应，即每一个图层对应一行帧系列，每一帧对应一个画面。在帧操作区域中，右击可打开弹出菜单，可以通过执行弹出菜单命令，对帧进行编辑。

7. 工具面板

工具面板默认位于界面的右侧，可按住工具栏空白区域将其任意移动。在工具面板中提供了绘制图形与编辑图形的各种工具，可对对象进行绘制和编辑操作，它是使用最频繁的面板。

8. "属性"面板

"属性"面板主要用来设置各种对象的属性参数。选择的对象不同，"属性"面板中的参数也会随着发生变化。

9. 其他面板

Flash 还提供了很多其他面板，如果需要，可选择"窗口"菜单下的相应命令打开。

第三节　Flash CS5 的文档操作方法

一、新建文档

在制作 Flash 动画之前必须新建一个 Flash 文档，新建 Flash 文档有以下两种方法：

（1）启动 Flash，在启动向导对话框的"新建"栏中选择所要创建的文档类型；

（2）选择"文件"→"新建"命令（或按 Ctrl＋N 键），在打开的"新建文档"对话框中选择所要创建的文档类型，如图 1-13 所示。

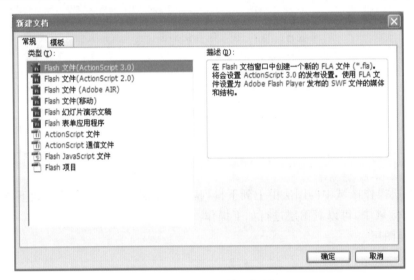

图 1-13　"新建文档"对话框

二、保存文档

编辑完成一个 Flash 文档后，需要将其保存起来，方便以后编辑修改。

（1）选择"文件"→"保存"命令，打开"另存为"对话框。

（2）在该对话框中设置要保存文件的路径，在下方的列表中选中要保存的文件类型，单击"保存"按钮即可。

三、打开文档

如果要对已有的 Flash 文档进行编辑，需要将它打开，具体操作如下。

（1）选择"文件"→"打开"命令，打开"打开"对话框。

（2）在该对话框的"查找范围"下拉列表中选择要打开的文档所在路径，在下方的列表中选中要打开的文件图标,单击"打开"按钮即可。

四、关闭文档

当不需要使用当前的 Flash 文档时可以关闭该文档,其常用方法有以下三种:

(1) 选择"文件"→"关闭"命令;

(2) 按 Ctrl+W 键;

(3) 单击舞台右上方的"关闭"按钮。

如果需要将全部的 Flash 文档关闭,可以执行菜单栏中"文件"→"全部关闭"命令来完成。

五、设置文档属性

新建的 Flash 影片都要按照设计者的思路对文档进行设置,即对编辑文件及输出的动画影片基本信息进行设置,可以说它是动画制作过程中必不可少的一个步骤。

在文档打开的情况下,执行"修改"→"文档"命令,或者双击时间轴下方的"帧频率"栏,打开"文档属性"对话框,如图 1-14 所示。在"文档属性"对话框中,可以对 Flash 文档的名称、描述和尺寸等进行修改。

- 尺寸:用于设置 Flash 文档中舞台的大小,即播放影片的大小。最小为 1 像素×1 像素,最大为 2880 像素×2880 像素。
- 匹配:设置打印机的匹配范围。
- 背景颜色:设置 Flash 编辑文档的背景颜色。
- 帧频:设置影片播放的速度,即每秒钟播放的帧数。
- 标尺单位:设置标尺的显示单位,一般默认为"像素"。
- 设为默认值:完成上面各项的设置后,单击该按钮,可将修改后的参数保存为默认设置,便于以后处理大量同类型动画影片的编辑。

图 1-14 "文档属性"对话框

第四节　使用辅助工具

一、标尺

在制作 Flash 动画时,可通过标尺来对某些对象进行精确的定位。选择"视图"→"标尺"命令,在舞台的上方和左方可分别显示出水平标尺和垂直标尺。

在显示标尺的情况下移动舞台上元素时,将在标尺上显示几条线,指出该元素的尺寸。标尺的默认度量单位为像素,如果需要,可以更改标尺的度量单位,选择"修改"→"文档"命令,打开"文档属性"对话框,然后从"标尺单位"下拉列表中选择一个单位即可,如图 1-15 所示。

图 1-15　更改标尺的单位

二、网格

网格将在文档的所有场景中显示为插图之后的一系列直线。可通过网格来对某些对象进行精确的定位。显示及编辑网格的具体操作如下。

1. 显示或隐藏网格

选择"视图"→"网格"→"显示网格"命令,可以显示网格;再次执行此命令,可以隐藏网格。

2. 编辑网格

选择"视图"→"网格"→"编辑网格"命令,打开"网格"对话框,如图 1-16 所示。

在该对话框中可以完成网格颜色、网格大小及贴紧精确度的设置。其中贴紧精确度指图形与网格间的吸附灵敏度,包括必须贴紧、一般、可以远离、总是贴紧四个选项。

图 1-16　"网格"对话框

在"网格"对话框中勾选"贴紧至网格"选项,在"贴紧精确度"下拉列表中选择"总是贴紧"选项,这样就可以在进行直线类图形绘制时产生吸附效果,使直线与网格的线条一致,图形的各顶点与网格上的交点重合。

若要将当前设置保存为默认值,可单击"保存默认值"按钮。

三、辅助线

在标尺功能开启的状态下,将鼠标指针放置到标尺上,然后按下鼠标并将其向绘图工作区方向拖动,可以从标尺上将水平辅助线和垂直辅助线拖到舞台上。利用辅助线,结合标尺可以对图形进行准确的定位,如图1-17所示。

1. 显示或隐藏辅助线

要显示或隐藏辅助线,选择"视图"→"辅助线"→"显示辅助线"命令即可。

2. 移动辅助线

选择选取工具,单击辅助线上的任意一点,按下鼠标左键的同时移动鼠标,辅助线将随着移动位置。

3. 编辑辅助线

通过鼠标右键的快捷菜单或菜单栏中的"视图"→"辅助线"→"编辑辅助线"命令都可以打开"辅助线"对话框,如图1-18所示。在对话框中可以设置辅助线的颜色,是否"显示辅助线",图形是否"贴紧至辅助线"和"锁定辅助线",还可以设置辅助线的"贴紧精确度"。单击"全部清除"按钮可删除工作区中的所有辅助线。

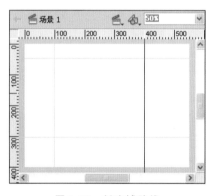

图1-17　创建辅助线

图1-18　"辅助线"对话框

4. 锁定辅助线

要锁定辅助线,选择"视图"→"辅助线"→"锁定辅助线"命令,或者选择"视图"→"辅助线"→"编辑辅助线"命令,打开"编辑辅助线"对话框,在对话框中勾选"锁定辅助线"选项即可。

5. 删除辅助线

要删除辅助线,在辅助线处于解除锁定状态时,使用选取工具将辅助线拖到水平或垂直标尺处即可。

6. 清除辅助线

如果要清除辅助线,可选择"视图"→"辅助线"→"清除辅助线"命令。如果在文档编辑模式下,则会清除文档中的所有辅助线。如果在元件编辑模式下,则只会清除元件中使用的辅助线。

小贴士

如果在创建辅助线时网格是可见的,并且打开了"贴紧至网格",则辅助线将贴紧至网格。当辅助线处于网格线之间时,贴紧至辅助线优先于贴紧至网格。

四、手形工具

手形工具用于移动舞台上有效区域的位置,以便在制作过程中观察效果。选中该工具后,在舞台中按住鼠标左键并向任意方向拖动,整个场景中的舞台即跟随鼠标的动作而移动,这样可以更好地观察画面。不论目前使用什么工具,只要按下空格键,都可以临时变为手形工具;松开空格键,则又恢复到之前的工具。手形工具的快捷键是 H。

五、缩放工具

缩放工具用于放大或缩小视图,以便于编辑。当选择了缩放工具后,在工具箱最下方的"选项区"出现两个选项按钮,一个是"放大操作"按钮,一个是"缩小操作"按钮。可以通过鼠标选择放大或缩小按钮,实现对舞台工作区的放大和缩小。

"放大操作"和"缩小操作"之间可以通过快捷键 Alt 键进行切换,当正选择"放大操作"时,需要临时切换为"缩小操作",只需要按住 Alt 键即可;当松开 Alt 键后,则又变为"放大操作"。

缩放工具的快捷键是 M 和 Z,两个快捷键按下任何一个都可以切换为缩放工具。

小贴士

"放大操作"可以通过键盘 Ctrl+加号组合键实现;"缩小操作"可以通过键盘 Ctrl+减号组合键实现。

第五节 面板操作

Flash CS5 工作界面中可以显示多个面板,每个面板可以完成不同的工作,例如可以通过"时间轴"面板制作动画,通过"属性"面板设置对象的相关属性等。由于空间有限,在创作过程中这些面板并不一定全部打开,可以根据实际需要合理安排这些面板的显示。在 Flash CS5 中,可以根据工作需要对这些面板进行打开、关闭、合并、分离、收缩和展开等操作,还可以将面板拖曳到界面中的任意位置处,以及与其他面板进行随意的组合。

一、打开与关闭面板

    Flash CS5 工作界面中只有几个常用的面板,如果需要打开相关的面板进行操作,只需选择菜单栏中"窗口"菜单下相关的命令即可,例如需要打开如图 1-19 所示的"信息"面板,执行菜单栏中的"窗口"→"信息"命令即可。

图 1-19 "信息"面板

    对于不再使用的面板可以将其关闭,关闭面板可以通过选择"窗口"菜单下的相应面板命令完成,也可以单击面板右上方的叉号按钮将其关闭。

二、收缩与展开面板

    为节省工作空间,可以单击面板右上方的双向小箭头,将不常用的面板暂时收缩起来,当面板收缩起来时,面板会以图标文字的形式进行显示,如图 1-20 所示。

    当面板为收缩状态时,单击面板的名称,此时在面板一侧会弹出展开状态的面板,如图 1-21 所示,此时单击面板右上方的双向小箭头,或在工作区域的别处单击,则展开的面板又会收缩起来。

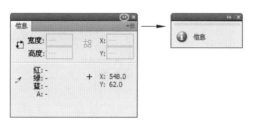

图 1-20 收缩面板

图 1-21 展开面板

三、合并与分离面板

    Flash 工作界面中的面板是按照默认方式排列的,如果需要,可以自己安排各个面板的布局,形成自己的工作空间。

    当把鼠标指针移至面板标签的右侧或上方时,拖动鼠标,则整个面板将随着鼠标光标移动,松开鼠标左键后,则面板将移动到松开鼠标的位置,拖曳过程中该面板将以半透明形式显示。如果拖曳到其他面板处,当其他面板以蓝色显示时,松开鼠标左键,则面板与其他面板合并到一起,构成一个面板组,如图 1-22 所示。

    同样,也可以将合并后的面板组一个个单独分离出来,只需要在其面板标签处拖动鼠标,将其拖曳到工作区域中,即可完成分离。

图 1-22　合并面板

四、隐藏与显示面板

在 Flash CS5 中，面板为动画创作带来很大方便的同时，也会占用很大的屏幕空间，在有些情况下，为了使用最大的工作空间，在不使用面板时，可以将工作界面中所有面板都隐藏。

选择菜单栏中"窗口"→"隐藏面板"命令，此时工作界面中所有面板都会被隐藏。如果需要重新显示这些面板，只需选择菜单栏中"窗口"→"显示面板"命令即可。

五、使用"历史记录"面板

选择"窗口"→"其他面板"→"历史记录"命令，打开 Flash 的"历史记录"面板。也可以使用 Ctrl＋F10 快捷键打开。

- 打开了"历史记录"面板后，每操作一步，在"历史记录"面板的主要区域中都会出现相关操作的步骤记录，如图 1-23 所示。

- 历史记录左面的垂直滑块可以方便快捷地选择上一步操作，滑块可以向上或向下拖动，撤销之前的操作，Flash"历史记录"面板默认撤销步骤数为 100。如果觉得 100 不够的话，还可以选择"编辑"→"首选参数"命令，打开"首选参数"对话框，调整撤销层级，可以设置 2～300 之间的整数。

图 1-23　"历史记录"面板

- "重放"按钮。"历史记录"面板左下角有一个"重放"按钮，使用鼠标选择需要重复的步骤，然后单击这个"重放"按钮，可以对"历史记录"面板中的操作进行重复操作。

- "历史记录"面板右下角有两个较小的按钮，分别是"复制所选步骤到剪贴板"和"将选定步骤保存为命令"按钮。"复制所选步骤到剪贴板"按钮，可以将选择的步骤复制到剪贴板，在其他 Flash 文档中可以通过 Ctrl＋V 组合键进行粘贴；"将选定步骤保存为命令"按钮，可以将步骤以命令的方式复制到剪贴板，在"动作"面板中，可以通过 Ctrl＋V 组合键将这段命令进行粘贴操作。

【思考练习】

1. 动画的基本原理是什么？
2. Flash 软件应用在哪些多媒体领域？
3. 如何设置 Flash 文档的属性？

【实训课堂】

通过所学 Flash 软件应用在多媒体领域的知识点，找出 Flash 在不同领域中的应用案例，并分析其优缺点。

第2章

绘制图形

💡【学习要点及目标】

1. 掌握基本线条的绘制方法；
2. 掌握基本形状的绘制方法；
3. 掌握刷子和喷涂刷工具的使用方法；
4. 掌握路径工具的使用方法。

🔧【本章导读】

本章将介绍 Flash CS5 绘制图形的功能和编辑图形的技巧，还要讲解多种选择图形的方法以及设置图形色彩的技巧。通过学习，要掌握绘制图形、编辑图形的方法和技巧，要能独立绘制出所需的各种图形效果并对其进行编辑，为进一步学习 Flash CS5 打下坚实的基础。

第一节　基本线条绘制

一、使用线条工具

（一）线条工具的选项设置

在工具栏选择线条工具后，在工具栏下方的选项区中将显示两个选项按钮图标，分别为"对象绘制"和"贴紧至对象"，如图 2-1 所示。

1. 对象绘制

绘制的对象是在叠加时不会自动合并在一起的单独的图形对象。Flash 将每个形状创建为单独的对象，可以分别进行处理。这样在分离或重新排列形状的外观时，会使形状重叠而不会改变它们的外观。

选择用"对象绘制"模式创建的形状时，Flash 会在形状周围添加矩形边框来标识它，如图 2-2（a）所示。默认情况下，Flash 使用"合并绘制"模式，在合并绘制模式下重叠绘制的形状，会自动进行

图 2-1　线条工具选项

合并。当绘制在同一图层中互相重叠的形状时,最顶层的形状会截去在其下面与其重叠的形状部分。因此合并绘制模式是一种破坏性的绘制模式,如图 2-2(b)所示。

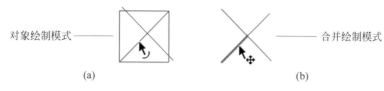

图 2-2　绘制模式

2. 贴紧至对象

在绘制线条对象时,如果靠近其他图形或辅助线时会自动吸附到其他图形或辅助线上。

(二)线条工具的属性设置

在工具栏选择线条工具后,在"属性"面板中将显示线条工具的相关属性,主要包括颜色、粗细、样式和端点等,如图 2-3 所示。

1. 设置笔触颜色

在"属性"面板中,单击"笔触颜色"色块,将打开颜色设置调色板,可以在其中选择一种颜色,也可以在上方的输入框输入颜色值(格式为 #RRGGBB),还可以设置颜色的 Alpha 透明值,如图 2-4 所示。

图 2-3　线条工具属性

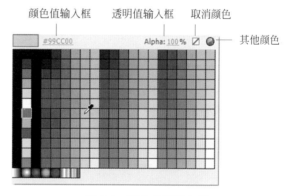

图 2-4　颜色设置调色板

单击"取消颜色"按钮图标可取消填充颜色。单击"其他颜色"按钮图标,可打开如图 2-5 所示的"颜色"对话框,通过该对话框可以对颜色进行更详细的设置。

2. 设置笔触

在"属性"面板中,拖动滑块,可改变线条的粗细,也可以在右侧的文本框中直接输入参数值,参数的取值范围为 0.1~200。

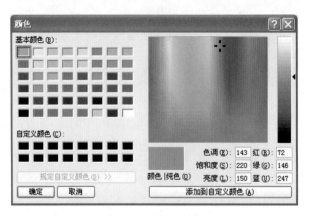

图 2-5　"颜色"对话框

3. 设置样式

在"属性"面板中，单击"样式"右侧的下三角按钮，在弹出的下拉列表中可选择线条的样式，如图 2-6 所示。

图 2-6　选择线条的样式

单击右侧的"编辑笔触样式"按钮图标，可打开"笔触样式"对话框，如图 2-7 所示。

图 2-7　"笔触样式"对话框

在"笔触样式"对话框中可以详细设置除"细实线"外的其他样式。

4. 设置端点

在"属性"面板中，单击"端点"右侧的下三角按钮，在弹出的下拉列表中可选择线条的端点样式,包括"无"、"圆角"和"方型"三种类型,如图2-8所示为不同类型的等长线条的形态。可见"圆角"和"方型"都比给定长度长出一个笔触。

5．设置接合

在"属性"面板中,单击"接合"右侧的下三角按钮,在弹出的下拉列表中可选择线条的接合方式,即两条直线相接时端点的接合方式,包括"尖角"、"圆角"和"斜角"三种类型,如图2-9所示。

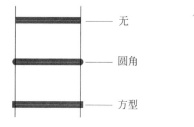

图2-8　不同类型的端点样式

图2-9　不同类型的接合效果

6．使用线条工具绘制线条

选择线条工具,选择"绘制模式",设置线条属性,将指针定位在线条起始处,并将其拖动到线条结束处即可。如果要将线条的角度限制为45°的倍数,可按住Shift键拖动。

二、使用铅笔工具

（一）铅笔工具的选项设置

使用"铅笔工具",可以更灵活地绘制线条,绘画的方式与使用真实铅笔大致相同。若要在绘画时平滑或伸直线条,需要为铅笔工具选择一种绘制模式。

1．伸直

在此模式下,如果绘制出的线条轨迹接近平直,那么Flash会自动把该线段变成直线,轨迹若是有弧度的,那就会变成漂亮的圆弧,如图2-10所示。

图2-10　伸直绘制模式

2．平滑

在此模式下,绘制的线条都会自动进行平滑处理,所以即使手抖得厉害,也可以绘制出很平滑的线条,如图2-11所示。

3．墨水

此模式绘制出的线条最接近手绘,可以使用此模式绘制不用修改的手画线条,如图2-12所示。

图 2-11　平滑绘制模式

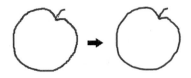

图 2-12　墨水绘制模式

（二）铅笔工具的属性设置

当选取铅笔工具后，"属性"面板便会自动切换为铅笔工具的属性设定。在铅笔工具的"属性"面板中可以控制铅笔工具所画线条的粗细、色彩和样式等。设置方法与线条工具相似。不同点在于多了一个"平滑"选项，其用于设置铅笔工具绘制线条时的平滑度。

此选项只有在选择了"平滑"模式后才起作用。将鼠标指针放置到参数值上时，将显示双向箭头，按下鼠标左键左右拖动，即可改变数值，也可以直接输入参数值，如图 2-13 所示。

（三）使用铅笔工具绘制线条

选择铅笔工具，选择绘制模式，设置铅笔工具属性，将指针置于线条起始处，按下鼠标左键不放并拖动，即可绘制出线条。如果要将线条限制为垂直或水平方向，可按住 Shift 键拖动。

图 2-13　铅笔工具的属性设置

第二节　基本形状绘制

一、使用矩形工具

当选取矩形工具后，"属性"面板便会自动切换为矩形工具的属性设定面板，如图 2-14 所示。

（一）填充和笔触

在 Flash 中绘制的图形基本上是由轮廓和填充构成的，笔触就是一个图形的"轮廓线"，填充就是一个图形的"实心"部分，如图 2-15 所示。

在绘制各种图形时，应当首先设置图形的轮廓颜色、填充颜色以及轮廓的粗细、样式等属性。在工具栏的颜色区也可以设置图形的轮廓颜色和填充颜色。

图 2-14　矩形工具"属性"面板

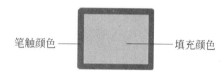

图 2-15　填充和笔触

（二）矩形角半径

　　矩形角半径用于指定矩形的圆角半径。如果当前显示为"锁定"状态，那么只需设置一个边角半径的参数，则所有的边角半径参数值随之进行调整，同时也可以通过移动右侧的滑块设定参数值，如图 2-16(a)所示。

　　如果单击"锁定"图标，则可取消锁定，右侧的滑块变为不可编辑，不能再通过滑块调整半径的参数，但是可以对矩形的 4 个边角半径参数值分别进行单独设置，如图 2-16(b)所示。如果输入负值，则创建的是反半径。

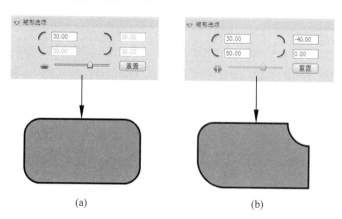

(a)　　　　　　　　　　　　　　　(b)

图 2-16　设置矩形角半径

（三）重置

　　单击"重置"按钮，可将矩形的圆角半径重置为 0，绘制的矩形各个边角都将为直角。

二、使用椭圆工具

椭圆工具的使用方法与矩形工具基本类似,区别主要在于以下属性。

(一)起始角度/结束角度

用于设置椭圆的起始点角度和结束点角度。如果起始点角度和结束点角度都为 0,则绘制的图形为圆或椭圆。改变为不同的值,可以绘制扇形、半圆形及其他有创意的形状,如图 2-17 所示。

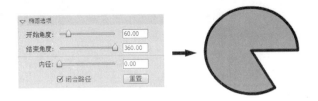

图 2-17　绘制扇形

(二)内径

用于设置椭圆的内径。参数值介于 0～99 之间,表示删除的填充的百分比,如图 2-18 所示。

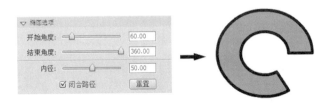

图 2-18　绘制圆环

(三)闭合路径

确定椭圆的路径是否闭合。如果绘制的是一条开放路径,则生成的形状不会填充颜色,仅绘制笔触,如图 2-19 所示。

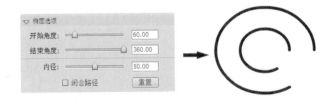

图 2-19　绘制非闭合路径

（四）重置

单击"重置"按钮，可将开始角度、结束角度和内径的参数重置为 0。

🛈 **小贴士**

对于椭圆和矩形工具，按住 Shift 键拖动可以将形状限制为圆形和正方形。

选择椭圆或矩形工具，并按住 Alt 键单击舞台可以显示椭圆或矩形设置对话框，设置对话框，即可绘制特定大小的椭圆或矩形。

三、使用基本矩形工具和基本椭圆工具

基本矩形工具、基本椭圆工具与矩形工具、椭圆工具类似，同样用于绘制矩形和椭圆。不同的是使用基本矩形工具和基本椭圆工具绘制出的图像为图元对象，可在"属性"面板中调整其形状，如图 2-20 所示。

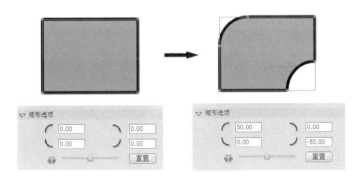

图 2-20　调整参数

也可使用选择工具直接拖动修改，如图 2-21 所示。即能在创建了形状之后，任何时候都可以精确地控制形状的大小、边角半径以及其他属性，而无须重新绘制。

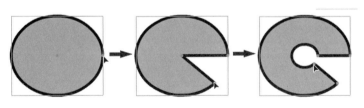

图 2-21　拖动修改

四、使用多角星形工具

在矩形工具上按住鼠标左键，从显示的弹出菜单中选择多角星形工具，"属性"面板切换为多角星形工具的属性设定，如图 2-22 所示。

单击"选项"按钮,打开"工具设置"对话框,如图 2-23 所示。

图 2-22 多角星形工具"属性"面板

图 2-23 "工具设置"对话框

- 样式:用于设置绘制图形的样式,可选择"多边形"或"星形"。
- 边数:用于设置绘制的多边形或星形的边数,该参数介于 3~32。
- 星形顶点大小:用于设置星形顶角的锐化程度,值介于 0~1。该参数越接近 0,
  创建的顶点就越尖锐,如图 2-24 所示。

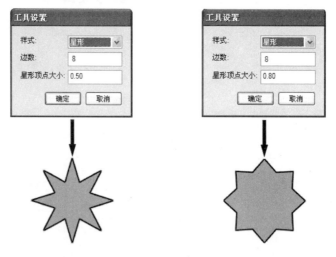

图 2-24 绘制星形

第三节 使用刷子工具

使用刷子工具可以像现实生活中的刷子涂色一样创建绘画效果,比如书法效果。选择刷子工具,在工具箱最下方的选项区域会显示刷子工具的相关选项,如图 2-25 所示。

刷子工具的相关选项说明如下。

（一）对象绘制

选择该选项，可以使用对象模式绘制图形。

（二）锁定填充

选择该选项，位图或者渐变填充将扩展覆盖舞台中涂色的对象。锁定对渐变色和位图填充有影响，当选择它时，所有用这种渐变色或位图填充的图形会被看做一个整体，而取消选择时，这些图形是独立填充的。

（三）刷子模式

单击该选项，在打开的列表中可以设置刷子工具绘制图形时的填充模式，如图 2-26 所示。

图 2-25 刷子工具的相关选项

图 2-26 填充模式

1. 标准绘画

使用该模式时，绘制的图形可对同一层的线条和填充涂色，如图 2-27 所示。

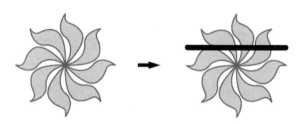

图 2-27 标准绘画模式

2. 颜料填充

使用该模式时，对填充区域和空白区域涂色，不影响笔触线段，如图 2-28 所示。

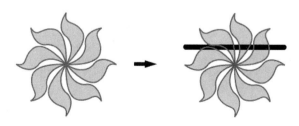

图 2-28 颜料填充模式

3. 后面绘画

使用该模式时,在舞台上同一层的空白区域涂色,不会影响笔触线段和填充颜色,如图 2-29 所示。

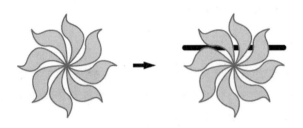

图 2-29　后面绘画模式

4. 颜料选择

使用该模式时,绘制的图形只填充同一图层中被选择的颜色区域,就像选中填充区域然后应用新填充一样,如图 2-30 所示。

图 2-30　颜料选择模式

5. 内部绘画

使用该模式时,绘制的图形只对刷子开始所在的填充颜色区域进行涂色,但不对笔触线段涂色,如图 2-31 所示。如果在空白区域中开始涂色,则填充不会影响任何现有填充区域。

图 2-31　内部绘画模式

（四）刷子大小

选择该选项,可设置刷子工具的笔刷大小。

（五）刷子形状

选择该选项,可设置刷子工具的形状。

第四节　使用喷涂刷工具

喷涂刷的作用类似于粒子喷射器,使用它可以将粒子点形状图案填充到舞台上。默认情况下,喷涂刷使用当前选定的填充颜色喷射粒子点。当然也可以将影片剪辑或图形元件作为喷涂图案进行图案填充。

单击工具箱面板中的喷涂刷工具,打开"属性"面板,如图 2-32 所示。

喷涂刷工具"属性"面板各选项说明如下。

（一）编辑

单击"编辑"按钮,可以打开"交换元件"对话框,如图 2-33 所示,可以选择预先存放好的影片剪辑或图形元件以用作"喷涂刷粒子"(相当于传统画笔的笔触形状),当选中某个元件后,元件名称将显示在"编辑"按钮的旁边。如果没有预先存放元件,则按默认"点状图案"喷涂。

图 2-32　喷涂刷工具"属性"面板

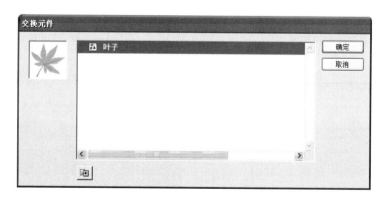

图 2-33　"交换元件"对话框

（二）颜色选取器

"颜色选取器"位于"编辑"按钮下方,用于设置"喷涂刷"喷涂粒子的填充色。当使用库里元件图案喷涂时,将禁用颜色选取器。

（三）缩放

用于缩小或放大用作喷涂粒子的元件。

（四）随机缩放

选中"随机缩放"复选框，将基于元件或者默认形态的喷涂粒子喷在画面中，其笔触的颗粒大小随机出现。使用默认喷涂点时，会禁用此选项。

（五）画笔宽度

用于设置喷涂笔触的宽度值。

（六）画笔高度

用于设置喷涂笔触的高度值。

（七）画笔角度

用于设置喷涂笔触填充图案时的旋转角度。

（八）旋转元件

编辑舞台定位一个轴心，喷涂刷将会默认该轴心为中心点，喷涂中旋转元件笔触。使用默认喷涂点时，会禁用此选项。

（九）随机旋转

喷涂刷围绕一个画面轴心，随机产生旋转角度来进行喷涂描绘。使用默认喷涂点时，会禁用此选项。

使用如图 2-34 所示的参数，喷涂的效果如图 2-35 所示。

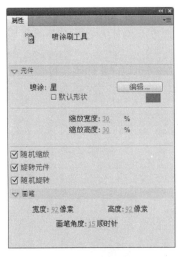

图 2-34　参数设置

图 2-35　绘制效果

第五节　使用路径工具

一、了解路径

路径由一条或多条直线或曲线段组成,一条路径上有许多用来标记路径上线段的端点。路径可以是闭合的,没有始点和终点;也可以是开放的,具有端点。路径的基本构成如图 2-36 所示。

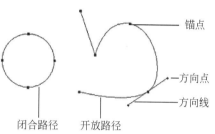

图 2-36　路径的基本构成

(一)锚点

锚点是标记每条路径片段的开始和结束的点,用于固定路径。锚点分为角点和平滑点两种。

(1)角点连接形成直线,或转角曲线,如图 2-37 所示。

(2)平滑点连接形成曲线,如图 2-38 所示。

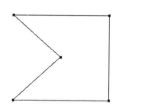

图 2-37　角点连接

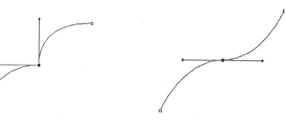

图 2-38　平滑点连接

(二)方向线和方向点

方向线是在曲线段上每个选中的锚点两旁显示的一条或两条虚拟线段。方向点是方向线的结束点。方向线和方向点的位置决定曲线段的大小和形状。

当在角点上移动方向线时,只调整与方向线同侧的曲线段,如图 2-39 所示。

相比之下,当在平滑点上移动方向线时,将同时调整平滑点两侧的曲线段,如图 2-40 所示。

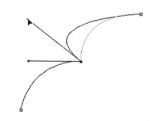

图 2-39　角点的方向线和方向点

图 2-40　平滑点的方向线和方向点

移动锚点、方向点或方向线可以改变路径中曲线的形状。

二、使用钢笔工具

使用钢笔工具可以绘制精确的路径,可以生成直线或者平滑、流畅的曲线。如创建直线或曲线的过程中,可以先绘制直线或曲线,再调整直线段的角度和长度以及曲线段的斜率。

使用钢笔工具时,将光标放置在舞台上想要绘制曲线起始端的位置,如果只是单击,则会生成直线段的控制点,即锚点。此时出现第一个锚点,并且钢笔尖变为箭头。如果拖动鼠标,则会生成曲线段的控制点。松开鼠标,将光标放置在想要绘制第二个锚点的位置。

如果单击鼠标,将绘制出一条直线段,如图 2-41 所示。如果按住鼠标左键不放,向其他方向拖曳,将绘制出一条曲线,如图 2-42 所示。

如果将光标放置在第一个锚点处,此时光标右下角为小圆圈,如图 2-43 所示,此时单击鼠标,可以创建一个封闭的路径。

图 2-41　绘制直线　　　　　图 2-42　绘制曲线　　　　　图 2-43　创建封闭路径

小贴士

调节线段上的控制点,便可以调节直线段、曲线段,还可以把曲线转变为直线,反之亦然。此外,还可以显示并调节由其他工具(如铅笔工具、笔刷工具、直线工具、椭圆工具或者矩形工具)生成的线条。

三、使用锚点工具

(一)添加与删除锚点

路径创建完成后,如果需要改变路径中的锚点数量,可以在已完成的路径上添加或删除锚点以改变路径中锚点的密度。

在工具箱中选择"添加锚点工具",如图 2-44 所示。

将鼠标指针放在已创建的工作路径上的目标位置处单击,即可在工作路径上添加锚点,如图 2-45(a)所示。如果拖动鼠标,则可以添加一个平滑点,如图 2-45(b)所示。

图 2-44　添加锚点工具

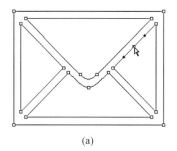
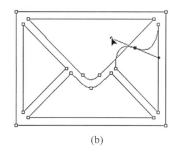

(a)   (b)

图 2-45　添加锚点

　　通过删除不需要的锚点可以减少路径的复杂程度。在工具箱中选择"删除锚点工具"（如图 2-44 所示），将鼠标指针放在工作路径中希望删除的锚点上单击，即可在工作路径上删除锚点，如图 2-46 所示。

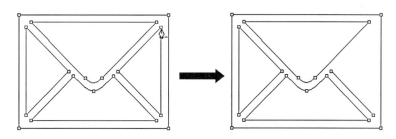

图 2-46　删除锚点

小贴士

　　默认情况下，当钢笔工具定位在选定路径上时，它会变为添加锚点工具；当钢笔工具定位在锚点上时，它会变为删除锚点工具。

（二）转换锚点类型

　　转换锚点工具用于将曲线路径上的平滑点（曲线点）转换为角点（角点两旁的路径段为直线而非曲线），或者将角点转换为平滑点。

1. 曲线点转换为角点

　　选择工具箱中的转换锚点工具（如图 2-44 所示），然后在需转换的平滑锚点上单击即可，如图 2-47 所示。

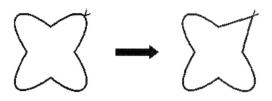

图 2-47　曲线点转换为角点

2. 角点转换为曲线点

选择转换锚点工具,在路径的角点处拖动鼠标,可以拉出两条方向线,角点即转换为曲线点,如图 2-48 所示。

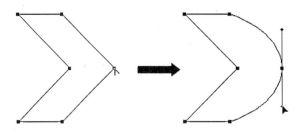

图 2-48　角点转换为曲线点

四、调整路径

路径绘制完成后,如果对绘制的结果不满意,可以利用部分选取工具进行调整。"部分选取"用于移动路径的部分锚点或线段,或者调整路径的方向点和方向线,而其他未被选中的锚点或路径段则不被改变。

(一)选择路径

使用部分选取工具在绘制的路径上单击即可将其选择。

(二)移动路径

使用部分选取工具在绘制的路径上拖动鼠标,即可将其移动到希望的位置上。

(三)选择锚点

使用部分选取工具选择路径,然后将光标移动到需要选择的锚点上,单击即可选择该锚点,如图 2-49 所示。

要选择多个锚点,可在按住 Shift 键的同时使用部分选取工具逐一单击需要选择的锚点,也可以使用部分选取工具拖出一个选择框,将需要选择的锚点框选,如图 2-50 所示。

图 2-49　选择锚点

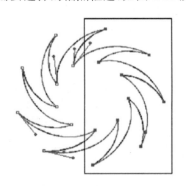

图 2-50　框选锚点

（四）移动锚点

选择锚点后,使用部分选取工具可以改变锚点的位置,随着锚点位置的改变,路径的形状也将发生变化。

（五）调整曲线形状

选择部分选取工具,拖动锚点,或者拖动切线手柄,即可调整曲线的形状。按住 Shift 键并拖动,可将曲线限制为倾斜 45°的倍数。按住 Alt 键拖动可单独拖动每个切线手柄。

小贴士

使用部分选取工具调节线段一般会在路径上添加锚点。

【思考练习】

1. 练习钢笔工具的使用方法。
2. 练习刷子工具的使用方法。

【实训课堂】

根据图 2-51 所示,利用所学知识点制作卡通形象。

图 2-51　样图

要求:
1. 用钢笔工具绘制卡通轮廓线;
2. 用椭圆工具绘制云彩等图形;
3. 用线条工具绘制后面的树木。

第3章

编辑图形

💡【学习要点及目标】

　　1. 学习选择对象的基本方法，掌握合并对象的基本方法；
　　2. 学习编辑对象的基本方法，掌握变形图形、调整图形的基本方法。

✦【本章导读】

　　使用工具栏中的工具创建的向量图形相对来说比较单调，如果能结合修改菜单命令修改图形，就可以改变原图形的形状、线条等，并且可以将多个图形组合起来达到所需的图形效果。本章将详细介绍 Flash CS5 编辑、调整对象的功能。通过对本章的学习，可以掌握编辑和调整对象的各种方法与技巧，并能根据具体操作特点，灵活地应用编辑和修饰功能。

第一节　选择对象

一、选择工具

　　选择工具可以用来选择对象，也可以移动对象，复制对象，还可以快速改变图形形状。

（一）选择对象

　　在对象绘制模式下绘制的图形，如果使用选择工具单击图形，只能对其整体进行选择，如图 3-1 所示。

　　在合并模式下绘制的图形，如果使用选择工具单击某一条笔触线段，可以选择这条线段，如图 3-2 所示。

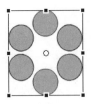

图 3-1　整体选择

图 3-2　选择单条线段

如果双击某一条笔触线段,可以选择连续的笔触线段,如图 3-3 所示。

单击图形的填充色,可以选择单击处的填充色,如图 3-4 所示。

双击图形的填充色,可以同时选择填充色和外面的笔触线段,如图 3-5 所示。

图 3-3 选择连续线段   图 3-4 选择填充色   图 3-5 选择填充色和线段

在舞台中使用选择工具按下鼠标拖曳,会创建一个选择框,此时在选择框中的图形部分会被选中,如图 3-6 所示。

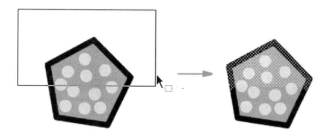

图 3-6 框选图形

如果需要选择多个对象,在按下 Shift 键的同时,连续单击需要选择的不同对象即可,也可以使用选择框框选某一范围内的对象。

如果希望取消选择,可在舞台的空白处单击。如果希望取消多个已选对象中的部分对象,在按下 Shift 键的同时,单击需要取消选择的对象即可。

（二）移动对象

对于对象绘制模式下绘制的图形,对象被选择后,使用选择工具在对象上按下鼠标拖曳,松开鼠标后,对象会被移动到松开鼠标的位置。而对于合并模式下绘制的图形,可对选中的线段或填充色通过鼠标拖曳单独移动,如图 3-7 所示。

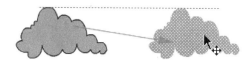

图 3-7 移动对象

（三）复制对象

对于对象绘制模式下绘制的图形,对象被选择后,按下 Ctrl 键的同时,按下鼠标拖曳图形,即可复制该图形,如图 3-8 所示。而对于合并模式下绘制的图形,按下 Ctrl 键的同时拖动鼠标,可对选中的线段或填充色进行复制,如图 3-9 所示。

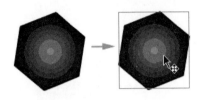

图 3-8　绘制模式下复制对象

图 3-9　合并模式下复制对象

(四) 改变图形形状

选择"选择"工具,将光标移动到图形端点时,光标将变为 形状,此时按下鼠标拖曳,可以改变图形端点的位置,如图 3-10 所示。

图 3-10　改变图形端点位置

将光标移动到图形的边缘时,光标将变为 形状,此时按下鼠标拖曳,可以改变图形边缘的形状,如图 3-11 所示。

图 3-11　改变图形边缘形状

将光标移动到图形的边缘,光标变为 形状时,按住 Ctrl 键的同时拖动鼠标,可以为图形生成一个新的节点,如图 3-12 所示。

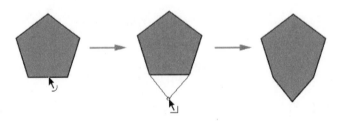

图 3-12　增加节点

二、部分选取

部分选取工具可以用来显示和编辑调整线段和路径上的节点,如图 3-13 所示。单击"部分选取工具"按钮,单击线条则显示其节点,线条上的小方块是可以被编辑的节点,通过调整节点,可以改变线条的形状。光标移动到节点上单击,选择一个节点,则该点变成实心的小圆点,这时可以对该节点进行编辑。若要轻移节点,可以使用键盘上的方向键进行移动,每按键一次,节点移动一个像素。

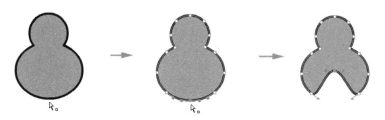

图 3-13   显示和调整节点

三、套索工具

用套索工具可以选取一定的区域,然后用其他工具对选中区域进行修改。选择工具栏中的套索工具,然后在工作区中圈画出要选中的区域,松开鼠标后 Flash 会自动选取套索圈定的封闭或近似封闭区域。此时放在被选中区域上的光标会变成箭头形状,按住鼠标即可以拖动被选中的区域,原图形即被拆分,如图 3-14 所示。

当选择了套索工具后,在选项区中会有三个选项按钮,分别是"魔术棒"、"魔术棒设置"和"多边形模式",如图 3-15 所示。

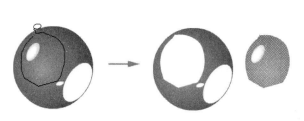

图 3-14   使用套索工具

图 3-15   "套索工具"选项

(一)魔术棒

魔术棒工具用于位图的处理。对于位图图像,执行"修改"→"分离"命令,将位图分离,此时选择"魔术棒"选项,然后使用魔术棒在图形中单击,即可选择图形中与鼠标单击处色彩相近的部分,如图 3-16 所示。

图 3-16　使用"魔术棒"选取对象

（二）魔术棒设置

如果要选取位图中同一色彩,可以先设置魔术棒属性。单击"魔术棒设置"按钮,在打开的"魔术棒设置"对话框(见图 3-17)中,设置相关选项。

- 阈值。输入一个介于 0 和 200 之间的值,用于定义将相邻像素包含在所选区域内必须达到的颜色接近程度。数值越高,包含的颜色范围越广。如果输入 0,则只选择与你单击的第一个像素的颜色完全相同的像素。
- 平滑。单击下拉箭头,从弹出列表中选择一个选项,用于定义所选区域的边缘的平滑程度。

（三）多边形模式

使用"多边形模式"可以实现对多边形区域的选取,选中此模式之后单击工作区中的若干点,双击后结束选择,由这些点构成的多边形区域将被选中,如图 3-18 所示。

图 3-17　"魔术棒设置"对话框

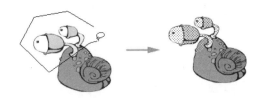

图 3-18　使用"多边形模式"选取对象

第二节　合并对象

当绘制了不同的对象以后,可以在对象之间进行一些操作,将它们合并为一个整体,比如联合、交集、打孔和裁切等。

"合并对象"选项说明如下。

（一）删除封套

如果已经使用封套工具将绘制的图形对象变形,可以通过"修改"→"合并对象"→"删除封套"命令,将绘制的图形对象还原,如图 3-19 所示。

（二）联合.

可以将两个或两个以上的图形合并为一个,它由联合前形状上所有可见的部分组成。将删除形状上不可见的重叠部分。不论图形的绘制模式是合并绘制模式还是对象绘制模式,联合后的模式均为对象绘制模式,执行"修改"→"合并对象"→"联合"命令,即可实现联合操作,如图 3-20 所示。

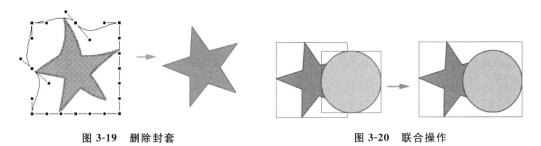

图 3-19　删除封套　　　　　　　　图 3-20　联合操作

（三）交集

可以将两个或两个以上的图形重合的部分创建为新的对象,将删除形状上任何不重叠的部分。生成的形状使用堆叠中最上面的形状的填充和笔触。执行"修改"→"合并对象"→"交集"命令,即可实现交集操作,如图 3-21 所示。

（四）打孔

删除选定绘制对象的某些部分,这些部分由该对象与排在该对象前面的另一个选定绘制对象的重叠部分定义。将删除绘制对象中由最上面的对象所覆盖的所有部分,并完全删除最上面的对象。所得到的对象仍是独立的,不会合并为单个对象,执行"修改"→"合并对象"→"打孔"命令,即可实现打孔操作,如图 3-22 所示。

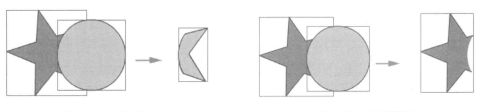

图 3-21　交集操作　　　　　　　　图 3-22　打孔操作

❓ 小贴士

"打孔"命令不同于可将多个对象合并在一起的"联合"或"交集"命令。

（五）裁切

裁切是指使用一个对象的轮廓裁切另一个对象，前面或最上面的对象定义裁切区域的形状，将保留下层对象中与最上面的对象重叠的所有部分，而删除下层对象的所有其他部分，并完全删除最上面的对象。所得到的对象仍是独立的，不会合并为单个对象。执行"修改"→"合并对象"→"裁切"命令，即可实现裁切操作，如图3-23所示。

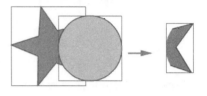

图3-23　裁切操作

小贴士

使用"交集"、"打孔"和"裁切"命令合并的对象必须是对象绘制模式。

第三节　编 辑 对 象

一、组合对象

选择需要组合的多个对象，选择"修改"→"组合"命令，即可将多个所选的对象组合为一个整体。组合后的对象将成为一个单一的对象，可以对它们进行统一操作，如图3-24所示。

图3-24　组合对象

二、分离对象

分离对象可以将整体的图形对象打散，作为一个个可编辑的图形对象进行编辑。选择需要分离的对象，选择"修改"→"分离"命令，或按Ctrl＋B组合键，即可完成分离操作，如图3-25所示。

图3-25　分离对象

三、排列对象

当多个组合图形放在一起时,有时需要将多个对象按照一定的上下顺序层叠。在这种情况下可以通过"修改"→"排列"菜单中的系列命令,调整所选组合在舞台中的前后层次关系,如图 3-26 所示,也可以通过右键弹出菜单对所选组合进行层次排列。

四、锁定对象

当编辑完成一个图形组合后,调整好它的大小和位置,执行"修改"→"排列"→"锁定"命令,可以将其锁定,使其不能再被选中或再进行编辑,如图 3-27 所示。

图 3-26 排列对象　　　　　　　　图 3-27 锁定对象

当需要对该图形进行再次编辑的时候,可以执行"修改"→"排列"→"全部解除锁定"命令,将锁定的图形解锁,解锁后可以对其进行再次编辑。

五、对齐与分布对象

将影片中的图形整齐排列、匀称分布,可以使画面的整体效果更加美观。

(一)对齐对象

在进行多个图形的位置移动时,可以执行"修改"→"对齐"菜单中的系列命令,调整所选图形的相对位置关系,从而将杂乱分布的图形整齐排列在舞台中。例如在排列图形时,如果执行"修改"→"对齐"→"顶对齐"命令,所有的图形将以舞台最上方图形的上边缘为基准,进行顶边对齐,如图 3-28 所示。

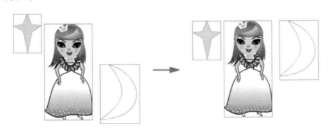

图 3-28 顶对齐

其他对齐命令的原理与此类似。如果先执行"修改"→"对齐"→"相对舞台分布"命令，使"相对舞台分布"命令处于勾选状态，再执行"修改"→"对齐"→"顶对齐"命令，则所有图形将以舞台的上边缘为基准进行对齐，如图 3-29 所示。

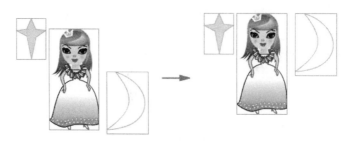

图 3-29　相对舞台顶对齐

（二）分布对象

选择"修改"→"对齐"菜单中的系列命令，还可以将舞台上间距不一的图形均匀地分布在舞台中，使画面效果更加美观。在默认状态下均匀分布图形，将以所选图形的两端为基准，对其中的图形进行位置调整，如图 3-30 所示。

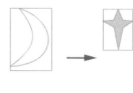

图 3-30　均匀分布对象

当勾选"相对舞台分布"选项时，所有图形将以舞台的边缘为基准进行均匀分布。

在进行对齐和分布操作时，还可以开启"对齐"面板，如图 3-31 所示。在选取图形后，单击面板中对应的功能按钮，即可完成对图形位置的相应调整。

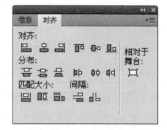

图 3-31　"对齐"面板

六、组对象

组（也称群组）可以将多个对象当作一个整体进行处理，以方便移动、变形等。将位于舞台中的形状组合成组，可以防止因为重叠而产生的切割或融合。在编辑组时，其中的每个对象都保持它自己的属性以及与其他对象的关系。比如，移动一个组，那么，组中的所有元素都保持相互之间的位置关系。同样，如果调整组的大小，那么组中的每一个元素都将进行相应的大小调整。一个组包含另一个组就称为"嵌套"。

第四节 变形图形

在 Flash 中,使用"任意变形工具"、"变形"面板或者选择"修改"→"变形"菜单命令,都可以对图形对象、组和文本块等进行变形操作。根据所选元素的类型,可以变形、旋转、倾斜、缩放或扭曲该元素。

一、使用任意变形工具

"任意变形工具" 用于对对象进行任意的缩放、旋转和倾斜等操作。当使用任意变形工具选择对象后,在对象四周会出现 8 个控制点,用于控制对象的变形操作;而对象中心会出现一个空心圆点,表示对象变形的中心,如图 3-32 所示。

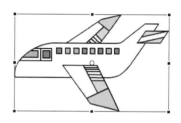

图 3-32 选择对象

(一)缩放对象

使用任意变形工具选择对象后,将光标移动到四周控制点上,当光标变为双向箭头形状↔、↕或⤢时,按下鼠标并拖动,即可缩放对象,如图 3-33 所示。如果拖动鼠标的同时按下 Shift 键,则可进行等比缩放。

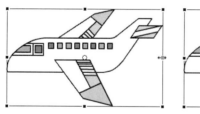

图 3-33 缩放对象

(二)旋转对象

使用任意变形工具选择对象后,将光标移动到四周端点控制点外侧,当光标变为旋转形状↻时,按下鼠标向四周拖移,所选对象也将随着进行旋转,如图 3-34 所示。

(三)倾斜对象

使用任意变形工具选择对象后,将光标移动到上下边框中心控制点外侧,当光标变为倾斜形状⇌时,按下鼠标左右拖移,所选对象也将随着进行水平倾斜,如图 3-35 所示。

使用任意变形工具选择对象后,将光标移动到左右边框中心控制点外侧,当光标变为倾斜形状‖时,按下鼠标上下拖移,所选对象也将随着进行垂直倾斜,如图 3-36 所示。

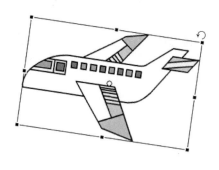

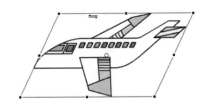

图 3-34　旋转对象　　　　　　　　　　图 3-35　水平倾斜对象

（四）扭曲对象

选择一个或多个图形对象，单击工具面板选项区中的"扭曲"按钮 ⤵，或者执行"修改"→"变形"→"扭曲"命令，将光标移动到四周控制点上，当光标变为扭曲形状 ▷ 时，拖动鼠标即可对选定的对象进行扭曲变形操作，如图 3-37 所示。

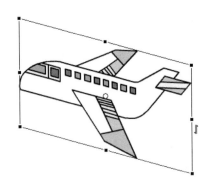

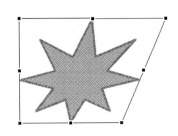

图 3-36　垂直倾斜对象　　　　　　　　图 3-37　扭曲对象

❓ 小贴士

按住 Shift 键拖动角点可以将扭曲限制为锥化，即该角和相邻角沿相反方向移动相同距离。

（五）封套变形

"封套"是一个边框，其中包含一个或多个对象。更改封套的形状会影响该封套内的对象的形状。可以通过调整封套的点和切线手柄来编辑封套形状。单击工具面板选项区中的"封套"按钮 ⤵，将光标移动到四周控制点上，当光标变为扭曲形状 ▷ 时，拖动鼠标即可对选定的对象进行封套变形操作，如图 3-38 所示。

通过选择"修改"→"变形"菜单中的命令，除了可以对选定对象进行缩放、旋转和扭曲操作外，还可以对对象进行翻转等操作。

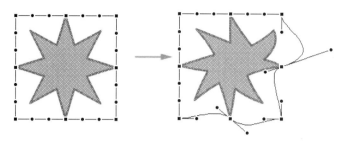

图 3-38　封套变形

二、使用"变形"面板

使用任意变形工具变形对象,简单方便,但变形程度难以控制,如缩放比例大小和旋转角度等。如果需要精确变换操作,可使用"变形"面板,如果工作界面没有显示该面板,可以选择"窗口"→"变形"命令,打开"变形"面板,如图 3-39 所示。

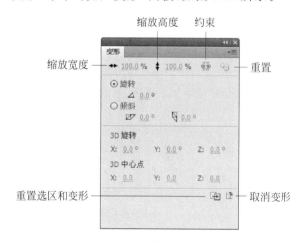

图 3-39　"变形"面板

"变形"面板中各选项说明如下。

- 缩放宽度:设置缩放宽度比例。
- 缩放高度:设置缩放高度比例。
- 约束:当图标显示为锁定图标时,表示锁定高度与宽度的比例,此时调整任一参数,另一参数也将随着改变。当图标显示为非锁定图标时,表示解除高度与宽度的比例锁定,此时调整任一参数,另一参数不会随着改变。
- 重置:当对象进行缩放操作后,"重置"图标将被激活,此时单击此图标,对象会恢复到缩放前的状态。
- "旋转":设置旋转角度。
- "倾斜":设置倾斜角度。水平倾斜角度和垂直倾斜角度可分别设置。
- 重置选区和变形:配合缩放、旋转和倾斜参数,使对象进行复制的同时应用变形操作。如图 3-40 所示为旋转复制的效果。

- 取消变形：取消变形操作，恢复到变形操作前的状态。

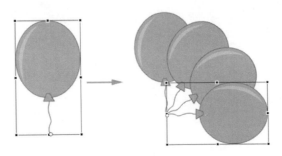

图 3-40　旋转复制

第五节　调 整 图 形

一、调整形状的平滑与伸直

使用绘图工具绘制的曲线或直线往往不够光滑或者不够平直，此时除了可以通过工具面板中的"平滑"或"伸直"选项对绘制图形进行平滑与直线化处理的操作外，还可以通过选择菜单栏中"修改"→"形状"→"高级平滑"或"高级伸直"命令对图形进行更细致的平滑或直线化操作。

选择绘制的图形后，选择"修改"→"形状"→"高级平滑"命令，打开"高级平滑"对话框，在此对话框中可以设置图形平滑的相关参数，如图 3-41 所示。

图形平滑的相关参数说明如下。

- "下方的平滑角度"：用于设置图形中曲线下方的平滑角度。
- "上方的平滑角度"：用于设置图形中曲线上方的平滑角度。
- "平滑强度"：用于设置图形中曲线平滑程度，参数值越高曲线越趋近于平滑，参数值越低越趋近于原始曲线模式。
- "预览"：如果将此复选框选中，则调整对话框中相关参数时，可以预览舞台中图形的变化。

选择绘制的图形后，如果选择"修改"→"形状"→"高级伸直"命令，此时会打开"高级伸直"对话框，如图 3-42 所示。

图 3-41　"高级平滑"对话框

图 3-42　"高级伸直"对话框

在此对话框中"伸直强度"选项用于设置图形中曲线直线化程度,参数值越高曲线越趋近于直线化,参数值越低越趋近于原始曲线模式。

二、优化形状

使用"优化"命令,可以减少用于定义这些图形的曲线数量来改进曲线和填充轮廓,以起到平滑图形曲线的效果,并减小 Flash 文档和导出的 SWF 文件的大小。选中需要优化的图形,执行"修改"→"形状"→"优化"命令,打开"优化曲线"对话框,如图 3-43 所示。

图 3-43 "优化曲线"对话框

在"优化曲线"对话框中,"优化强度"选项用于设置图形优化的程度,参数值越高优化程度越高。如果勾选"显示总计消息"选项,在完成对图形的优化操作后,会弹出一个信息框,显示优化结果的相关数据,如图 3-44 所示。

图 3-44 优化结果信息框

三、修改形状

(一) 将线条转换为填充

将图形中的线条转换成可填充的图形块,不但可以对线条的色彩范围作更精确的造型编辑,还可以避免在视图显示比例被缩小时线条出现锯齿和相对变粗的现象。

选择一条或多条线条,选择"修改"→"形状"→"将线条转换为填充"命令。选定的线条将转换为填充形状,这样就可以使用渐变来填充线条或擦除一部分线条。图 3-45 所示为转换前线条变形处理效果,图 3-46 所示为转换后填充变形处理效果。

图 3-45 线条变形处理

图 3-46 填充变形处理

小贴士

将线条转换为填充可能加快一些动画的绘制,但同时也会增大文件大小。

(二)扩展填充

使用"扩展填充"命令,可以对填充色进行扩展填充或收缩填充。选择一个填充形状,选择"修改"→"形状"→"扩展填充"命令,打开"扩展填充"对话框,如图 3-47 所示。

"扩展填充"对话框中各选项说明如下。

- "距离":设置填充的大小。
- "扩展":图像向外进行扩展填充,即放大形状。
- "插入":图像向内进行收缩填充,即缩小形状。

扩展填充功能在没有笔触且不包含很多细节的小型单色填充形状上使用效果最好,如图 3-48 所示。

图 3-47 "扩展填充"对话框   图 3-48 扩展填充与收缩填充

(三)柔化填充边缘

与"扩展填充"命令相似,"柔化填充边缘"命令也是对图形的轮廓进行放大或缩小填充。不同的是"柔化填充边缘"命令可以在填充边缘产生多个逐渐透明的图形层,形成边缘柔化的效果。

选取需要进行编辑的图形后,执行"修改"→"形状"→"柔化填充边缘"命令,打开"柔化填充边缘"对话框,设置边缘柔化效果,如图 3-49 所示。

"柔化填充边缘"对话框中各选项说明如下。

- "距离":设置边缘柔化的宽度范围,数值在 1～144 像素之间。
- "步骤数":设置柔化边缘生成的渐变层数,最多可以设置 50 个层。使用的步骤数越多,效果就越平滑,但增加步骤数会使文件变大并降低绘画速度。
- "方向":选择边缘柔化的方向是向外扩散还是向内收缩,即放大还是缩小形状。

柔化填充边缘功能在没有笔触的单一填充形状上使用效果最好,如图 3-50 所示。

图 3-49 "柔化填充边缘"对话框

图 3-50 柔化填充边缘效果

第六节 处理位图

除了手绘图形之外,Flash 还可以导入图像进行处理,使用 Flash 还可以将导入的位图转换为矢量图,降低最终作品的文件量大小。

一、导入位图图像

Flash 可以识别多种位图图像和矢量图形文件格式。用户可以通过导入或粘贴在 Flash 中放置图形图像。所有直接导入 Flash 中的位图图像都将自动添加到当前文档的库中。

Flash 将按以下原则导入位图图像和矢量图形。

(1)从 Freehand 中导入矢量图形,可以选择保留 Freehand 层、页和文本块。

(2)从 Fireworks 中导入 PNG 图像,可以选择将导入的文件作为可编辑的对象,或者选择在 Fireworks 中进行编辑,然后在 Flash 中更新。

(3)导入 PNG 图像,可以选择是否保留图像、文本和辅助线。

(4)导入由 Adobe Illustrator 制作的矢量图形,可以选择保留 Illustrator 层。

(5)导入 SWF 格式或 WMF 格式文件中的矢量图形,图形将作为一个组合体被直接放置在当前层中,而不是库中。

(6)导入位图图像(包括扫描照片和 BMP 文件等),被导入为当前层中的单个对象。Flash 可以保留所导入位图的透明度设置。

(7)导入任意图像序列(例如 PICT 和 BMP 序列),被导入为当前层中的连续帧。

二、将位图转换为矢量图

"转换位图为矢量图"命令将位图转换为具有可编辑的离散颜色区域的矢量图形。将图像作为矢量图形处理,可以减小文件大小。

选择需要进行转换的图形后,执行"修改"→"位图"→"转换位图为矢量图"命令,打开"转换位图为矢量图"对话框,如图 3-51 所示。

图 3-51 "转换位图为矢量图"对话框

"转换位图为矢量图"对话框的各选项说明如下。

- "颜色阈值"：它的作用是在两个像素相比时，颜色差低于设定的颜色阈值，则两个像素被认为是相同的。阈值越大转换后的矢量图的颜色越少。参数范围为1～500。
- "最小区域"：它的作用是在指定像素的颜色时需要考虑周围的像素数量。参数范围为1～1000。
- "曲线拟合"：决定生成的矢量图的轮廓和区域的黏合程度。
- "角阈值"：决定生成的矢量图中保留锐利边缘还是平滑处理。

设置相关参数后，单击"确定"按钮即可实现转换。一般由位图转换生成的矢量图文件大小要缩小，如果原始的位图形状复杂、颜色较多则可能生成的矢量图的大小反而会增加。如果希望使生成后的矢量图不失真，可把"颜色阈值"和"最小区域"值设置得低一点，"曲线拟合"和"角阈值"两项设置为"非常紧密"和"较多转角"，这样得到的图形文件会增大，但转换后的画面比较精细，如图3-52所示。

失真大　　　　　　　　失真小

图 3-52　转换位图为矢量图

三、分离并修改位图

在 Flash 中，通过"转换位图为矢量图"命令可以将位图图像彻底变成矢量图形，进而执行其他修改操作。也可以不改变位图的性质，只需要分离位图，就可以对位图进行各种形式的编辑操作。

选中舞台上的位图图像，选择"修改"→"分离"命令，或按快捷键 Ctrl＋B，即可分离位图。

位图被分离之后，在其"属性"面板中将显示为形状。需要指出的是，位图图像并没有变成真正意义上的手绘图形，它只是被作为一个整体填充到区域中。如果使用箭头工具拖动修改区域的形状，就会发现它的整体特点。

由于被分离的位图仍然是一个整体，如果要选取图像中的某一部分，则必须使用套索工具。被选取的部分可以和原来的整体区域分离，产生独立的填充区域，从而创建所需要的动画。

四、设置位图图像的属性

可以对导入的位图图像应用消除锯齿操作以便使图像的边缘更加平滑，也可以选择一种压缩选项降低图像的文件量。选择"窗口"→"库"命令,打开"库"面板,在"库"面板中双击位图图像的图标,打开"位图属性"对话框,如图3-53所示。

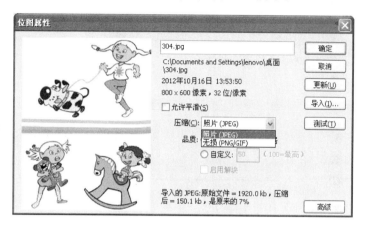

图3-53 "位图属性"对话框

在"位图属性"对话框中,选中"允许平滑"选项可以使用消除锯齿功能使图像的边缘更平滑。

"压缩"下拉列表中的两个选项说明如下。

- "照片(JPEG)":使用JPEG格式压缩图像。对于JPEG图像来说压缩质量是一个很重要的指标。压缩比的数值越高,则质量越好,但是所生成的文件也越大。要使用默认的压缩质量,可选中"使用导入的JPEG数据"单选按钮;要指定新的压缩比,可选中"自定义"单选按钮,然后在其文本框中输入1~100的新值。
- "无损(PNG/GIF)":使用无损压缩格式压缩图像,图像数据不会丢失。

小贴士

对于那些具有复杂颜色效果和包含变色的图像,最好使用JPEG压缩,如要图像内只包含简单图形或者相对来说颜色较少,则可以使用无损压缩。

【思考练习】

1. 图形的填充色与描边色如何绘制?
2. Flash是按什么原则导入位图图像和矢量图形的?

【实训课堂】

自己绘制或选择图形,分别练习选择对象、合并对象、编辑对象、变形图形、调整图形的方法,巩固所学知识点。

第4章

填充颜色与使用文本

💡 **【学习要点及目标】**

1. 学习墨水瓶和颜料桶工具的使用方法；
2. 掌握渐变变形工具的使用方法；
3. 了解 Deco 绘画工具、滤镜的使用方法；
4. 掌握文本的编辑与使用方法。

【本章导读】

　　Flash CS5 具有强大的填充颜色和文本输入、编辑与处理功能。本章将详细讲解各种填充颜色的方式和文本的编辑方法及应用技巧。通过学习要了解并掌握颜料桶工具、渐变变形工具等的使用方法以及文本的功能及特点，并能在设计制作任务中充分地利用好填充工具和文本的效果。

第一节　使用墨水瓶工具

　　使用墨水瓶工具可以改变描边的颜色、线条宽度、形状轮廓线和线条的样式。墨水瓶工具可以为矢量图形添加边线，但它本身不具备任何的绘画能力，对直线或形状轮廓只能应用纯色，不能应用渐变或位图。

　　使用墨水瓶工具，不必选择单一线条，所以用它可以轻易地一次改变多个对象的笔触属性。在面板中选择"墨水瓶工具" 🖋，单击舞台中需要修改的对象，在"属性"面板中选择"笔触样式"和"笔触高度"，即可实现对笔触的修改。

一、为矢量图形添加边线

　　选择墨水瓶工具，在"属性"面板中对边线的颜色、粗细、样式进行设置后，确认所要填充的图形为可编辑状态后，使用墨水瓶工具单击矢量图形，图形即被添加了边线，如图 4-1 所示。

图 4-1 添加边线

二、更改颜色和属性

选择需要修改的笔触,首先确认笔触可以直接使用选择工具进行选择,然后选择墨水瓶工具,在"属性"面板中对笔触的颜色、粗细和样式进行设置,使用墨水瓶工具单击这些笔触,笔触颜色和属性即被更改,如图 4-2 所示。

图 4-2 更改边线

墨水瓶工具只能对连续的线段进行更改,如果两条线段相交在一起,需要多次使用墨水瓶工具单击线段进行线段的更改。如果想大面积快速更改线段颜色,只需要使用选择工具框选边线,在"属性"面板中对笔触颜色进行设置即可。

第二节 使用颜料桶工具

一、颜色填充

使用"颜料桶工具"  可以对某一区域进行单色、渐变色或位图填充。在工具面板中选择颜料桶工具，单击面板中的"填充颜色"选项 ，打开"颜色卡"对话框，如图 4-3 所示。

在"颜色卡"对话框中选择需要的颜色，单击所要填充的区域，即可完成颜色填充。

二、空隙大小选项

选择颜料桶工具后，在工具面板下方的选项区中单击"空隙大小"选项 ，会弹出 4 个选项，如图 4-4 所示。

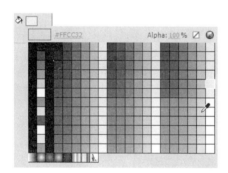

图 4-3 "颜色卡"对话框

图 4-4 空隙大小选项

（一）不封闭空隙

在填充过程中要求图形边线完全封闭，如果边线有空隙，没有完全连接的情况，就不能填充任何颜色。

（二）封闭小空隙

在填充过程中可以忽略一些线段之间的小空隙，而且可以进行颜色填充。

（三）封闭中等空隙

在填充过程中可以忽略一些线段之间较大的空隙，并可以进行颜色填充。

（四）封闭大空隙

在填充过程中可以忽略一些线段之间的大空隙，并可以进行颜色填充。

小贴士

空隙大小,默认情况下选择的是"封闭小空隙",如果对于图形填充,选择了"封闭中等空隙"或"封闭大空隙"没有任何作用的话,可以使用放大镜工具缩小图形,然后再使用颜料桶工具进行填充。

三、编辑填充颜色

如果要编辑填充颜色,可选择"窗口"→"颜色"命令,打开"颜色"面板,如图 4-5 所示。在"颜色"面板中,从"类型"下拉列表中选择一种填充类型。

(一)"纯色"填充

在颜色板中单击选择一种颜色,拖动"亮度"控件来调整颜色的亮度,拖动 Alpha 滑块可以改变填充色的透明度,填充如图 4-6 所示。

图 4-5 "颜色"面板

图 4-6 "纯色"填充

(二)"线性"填充

颜色从起始点到终点沿直线逐渐变化,填充如图 4-7 所示。

图 4-7 "线性"填充

"线性"填充的参数说明如下。

- 更改渐变颜色：单击渐变定义栏下面的某个指针，在颜色空间中单击，拖动"亮度"控件来调整颜色的亮度。
- 添加颜色：在渐变定义栏上面或下面单击可以添加指针，然后选择一种颜色。
- 调整渐变：拖动颜色指针即可。
- 删除渐变：将指针向下拖离渐变定义栏。

（三）"放射状"填充

颜色从起始点到终点按照环形模式四周逐渐变化，填充如图 4-8 所示。

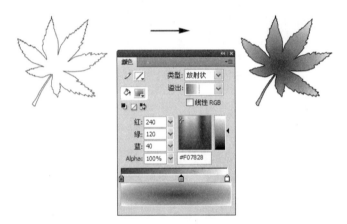

图 4-8 "放射状"填充

（四）位图

用可选的位图图像平铺所选的填充区域。选择"位图"时，系统会显示"导入到库"对话框，如图 4-9 所示。

图 4-9 "导入到库"对话框

通过该对话框选择本地计算机上的位图图像,并将其添加到库中,可以将此位图用作填充,其外观类似于形状内填充了重复图像的马赛克图案,如图 4-10 所示。

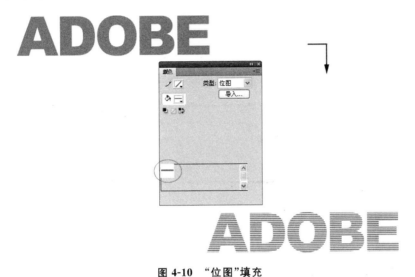

图 4-10 "位图"填充

第三节 使用渐变变形工具

使用渐变变形工具,可以调整填充的大小、方向或者中心,以使渐变填充或位图填充变形。

从工具面板中选择"渐变变形工具"。如果在工具面板中看不到渐变变形工具,可在任意变形工具上按下鼠标左键,然后从显示的菜单中选择"渐变变形工具"。

单击用渐变或位图填充的区域,系统将显示一个带有编辑手柄的边框。当指针在这些手柄中的任何一个上面的时候,它会发生变化,显示该手柄的功能。

一、调整线性填充

使用渐变变形工具单击用渐变填充的区域,系统显示的带有编辑手柄的边框如图 4-11 所示。

- 中心点:用于改变线性渐变填充的中心点的位置。
- 方向节点:用于更改线性渐变填充的渐变方向。
- 范围节点:用于调整线性渐变的大小范围。

使用渐变变形工具调整渐变填充区域的效果如图 4-12 所示。

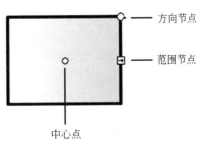

图 4-11 线性填充编辑框

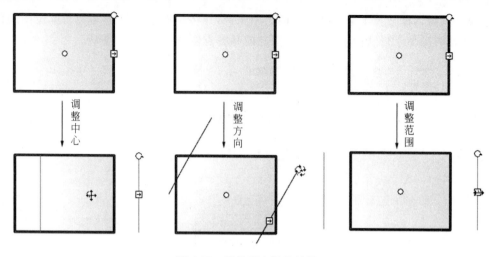

图 4-12　线性渐变调整效果

二、调整放射状填充

使用渐变变形工具单击用放射状填充的区域,系统显示的带有编辑手柄的边框如图 4-13 所示。

- 中心点:用于调整放射状渐变的中心位置。
- 焦点:用于调整放射状渐变的焦点位置。
- 宽度节点:用于调整放射状渐变的渐变宽度。
- 范围节点:用于调整放射状渐变的渐变范围。
- 方向节点:用于调整放射状渐变的渐变方向。

使用渐变变形工具调整放射状填充区域的效果如图 4-14 所示。

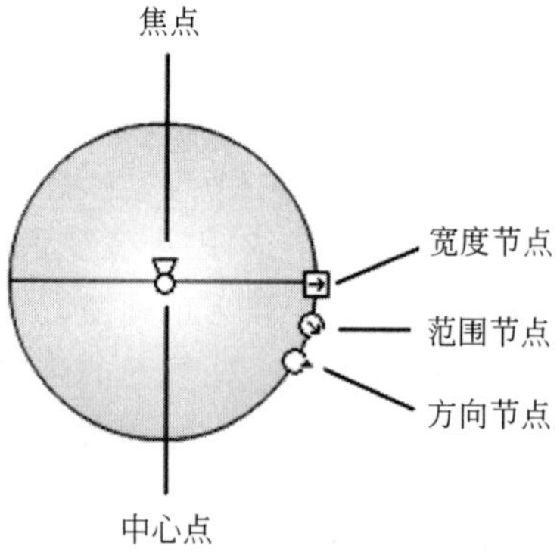

三、调整位图填充

使用渐变变形工具单击用位图填充的区域,系统显示的带有编辑手柄的边框如图 4-15 所示。

① 中心点:用于调整位图填充的中心位置。

② 水平倾斜节点:用于调整位图填充的水平倾斜角度。

③ 方向节点:用于调整位图填充的填充方向。

④ 垂直倾斜节点:用于调整位图填充的垂直倾斜角度。

⑤ 高度节点:用于调整位图填充的填充高度范围。

⑥ 范围节点:用于调整位图填充的填充范围。

⑦ 宽度节点:用于调整位图填充的填充宽度范围。

使用渐变变形工具调整位图填充区域的效果如图 4-16 所示。

图 4-13　放射状填充编辑框

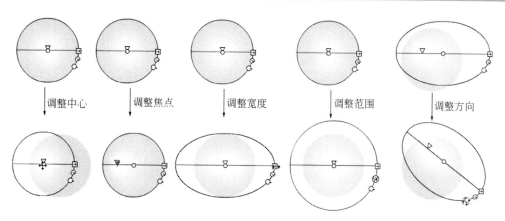

图 4-14　放射状渐变调整效果

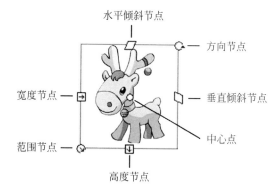

图 4-15　位图填充编辑框

图 4-16　位图填充调整效果

第四节　使用 Deco 工具

Deco 工具是一种类似喷涂刷的填充工具,使用 Deco 工具可以快速完成大量相同元素的绘制,也可以应用它制作出很多复杂的动画效果。将其与图形元件和影片剪辑元件配合,可以制作出效果更加丰富的动画效果。

选择 Deco 工具后,在"属性"面板中将出现其相关属性设置,如图 4-17 所示。

一、藤蔓式填充

利用"藤蔓式填充"效果,可以用藤蔓式图案填充舞台、元件或封闭区域。通过从库中选择元件,可以替换叶子和花朵的插图。生成的图案将包含在影片剪辑中,而影片剪辑本身包含组成图案的元件。

在"属性"面板中选择"绘制效果"为"藤蔓式填充"时,此时"属性"面板中将出现"藤蔓式填充"的属性设置,如图 4-18 所示。

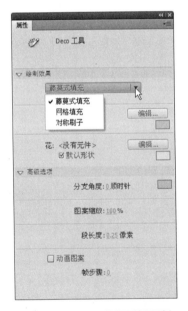

图 4-17　Deco 工具"属性"面板

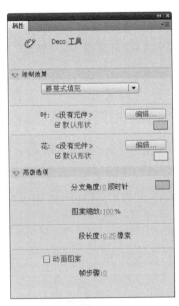

图 4-18　"藤蔓式填充"属性设置

- "叶":用于设置藤蔓式填充的叶子图形。
- "花":用于设置藤蔓式填充的花图形。
- "分支角度":用于设置藤蔓式填充的枝条分支的角度值。
- "图案缩放":用于设置填充图案的缩放比例大小。
- "段长度":用于设置藤蔓式填充中每个枝条的长度。

图 4-19 所示为使用默认花朵和叶子形状填充图案的效果。

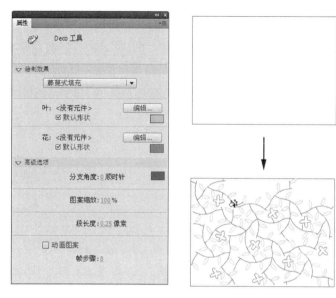

图 4-19 藤蔓式填充效果

小贴士

通过单击"编辑"按钮,可以使用库中的任何影片剪辑或图形元件,替换默认的花朵和叶子元件。

二、网格填充

使用网格填充效果可创建棋盘图案、平铺背景或用自定义图案填充区域或形状。网格填充的默认元件是 25 像素×25 像素、无笔触的黑色矩形形状。

在"属性"面板中选择"绘制效果"为"网格填充"时,此时在"属性"面板中将出现"网格填充"的属性设置,如图 4-20 所示。

- "填充":用于设置网格填充的网格图形。
- "水平间距":用于设置网格填充图形各个图形间的水平间距。
- "垂直间距":用于设置网格填充图形各个图形间的垂直间距。
- "图案缩放":用于设置网格填充图形的大小比例。

图 4-21 所示为使用默认形状进行网格填充的效果。

图 4-20 "网格填充"属性设置

三、对称刷子

可使用"对称刷子"来创建圆形用户界面元素（如模拟钟面或刻度盘仪表）或旋涡图案等。对称刷子的默认元件是 25 像素×25 像素、无笔触的黑色矩形形状。

在"属性"面板中选择"绘制效果"为"对称刷子"时，在"属性"面板中将出现"对称刷子"的属性设置，如图 4-22 所示。

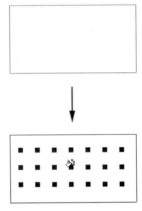

图 4-21　网格填充效果　　　　　　　图 4-22　"对称刷子"属性设置

（一）模块

用于设置对称刷子填充效果的图形。

（二）高级选项

用于设置填充图形的填充模式，包括"绕点旋转"、"跨线反射"、"跨点反射"与"网格平移"4 个选项。

- "绕点旋转"：围绕指定的固定点旋转对称中的形状，默认参考点是对称的中心点。

- "跨线反射"：跨指定的不可见线条等距离翻转形状。

- "跨点反射"：围绕指定的固定点等距离放置两个形状。

- "网格平移"：使用按对称效果绘制的形状创建网格。

图 4-23 所示为使用默认形状和"绕点旋转"选项进行对称填充的效果。

图 4-23　对称填充效果

小贴士

可以使用对称刷子手柄调整对称的大小和元件实例的数量。

第五节　使 用 文 本

在 Flash CS5 中,使用文本工具可以创建多种类型的文本,应先对文本类型有初步的了解,然后掌握文本工具创建简单文本的方法。

一、认识文本类型和文本工具

（一）Flash 中的文本类型

在 Flash CS5 中,文本类型可分为静态文本、动态文本、输入文本共 3 种。静态文本是指默认状态下创建的文本对象,它在影片的播放过程中不会进行动态改变,因此常被用作说明文字;动态文本是指该文本对象中的内容可以动态改变,甚至可以随着影片的播放自动更新。

例如用于比分或者计时器等方面的文字,输入文本是指该文本对象在影片的播放过程中可以输入表单或调查表的文本等信息,用于在用户与动画之间产生交互。

在工具面板中选择文本工具,"属性"面板自动切换为文本工具"属性"面板。单击文本类型下拉列表,可以选择文本类型,包括"静态文本"、"动态文本"和"输入文本"3 种类型,如图 4-24 所示。

图 4-24　文本类型

1. 静态文本

系统默认的文本类型,静态文本在影片播放过程中是不会改变的。也就是说,在播放动画时,不能编辑和改变文本内容。

2. 动态文本

动态文本是可以变化的,也就是说,在影片制作过程中输入和设置动态变化,在播放动画时,动态文本可以更新显示内容,例如动态变化的游戏积分等。这样的操作可增加影片的灵活性。此类文本通常需要与 ActionScript 配合进行设置。该文本块的调整手柄在右下角,如图 4-25 所示。

默认情况下,动态文本区域会随文本内容的增加而改变高度。如果希望固定文本区域的高度,让文本滚动显示,可在按住 Shift 键的同时,双击调整手柄,它将变成黑色正方形,如图 4-26 所示。黑色正方形表示按可滚动模式编辑动态文本区域。

图 4-25　动态文本调整手柄　　　　　图 4-26　可滚动模式

在可滚动模式下编辑文本时，一旦文本域中包含的文本超出了它所能显示的范围，可使用光标键或者 Page Up/Page Down 翻页键滚动显示文本。

3. 输入文本

输入文本是应用广泛的文本类型，用户可以在影片播放中即时输入所需文本，例如很多 Flash 制作的留言簿和邮件收发程序大都使用了输入文本，以便用户输入用户名或密码等。

（二）使用文本工具创建文本

在 Flash CS5 中，大多数的文本都是通过文本工具完成的，用户可以根据客观需要使用其创建各种类型的文本，包括创建静态文本、动态文本和输入文本，如图 4-27 所示。

图 4-27　使用文本工具创建文本

（三）创建滚动文本

动态可滚动文本框的特点是：可以在指定大小的文本框内显示超过该范围的文本内容。创建滚动文本后，其文本框的右下方会显示一个黑色的实心矩形手柄，如图 4-28 所示。

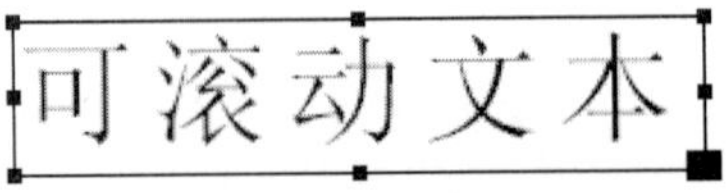

二、文本的属性

图 4-28　创建滚动文本

在工具箱中选择文本工具后，将显示文本工具"属性"面板，使用该面板可以对文本的字体和段落属性进行设置。其中，文本的字体属性包括字体、字体大小、样式、颜色、字符间距、自动调整字距和字符位置等；段落属性包括对齐方式、边距、缩进和行距等。

（一）消除文本锯齿

有时 Flash 中的文字会显得模糊不清，这往往是由于创建的文本较小从而无法清楚显示的缘故，在文本属性面板中通过对文本锯齿的设置优化，可以很好地解决这一问题，如图 4-29 所示。

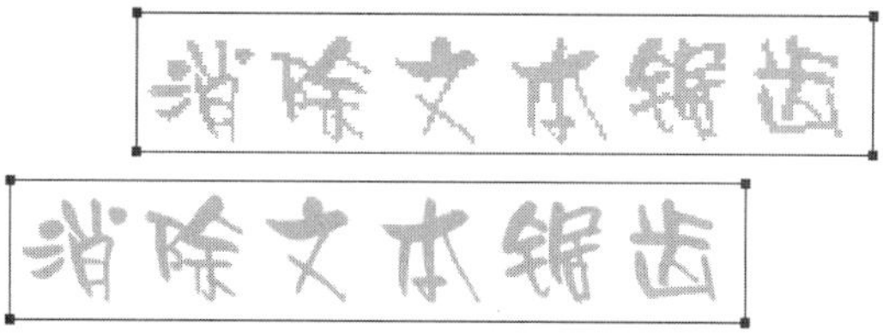

图 4-29　消除文本锯齿

（二）设置字体、字体大小、字体样式和文字颜色

在文本工具属性面板中，可以设置选定文本的字体、字体大小和颜色等。设置文本颜色时，只能使用纯色，而不能使用渐变。要向文本应用渐变，必须将文本转换为线条和填充图形。

（三）设置对齐、边距、缩进和行距

设置对齐方式，可以设定段落中每行文本相对于文本框边缘的位置。水平文本相对于文本框的左侧和右侧边缘对齐；垂直文本相对于文本框的顶部和底部边缘对齐。文本可以与文本框的一侧边缘对齐、与文本框的中心对齐或者与文本框的两侧边缘对齐（两端对齐），如图 4-30 所示。

图 4-30　设置文本对齐

（四）设置特殊文本参数选项

在文本工具"属性"面板中，还可以对动态文本或输入文本设置特殊参数选项，从而控制这两种文本在 Flash 影片中出现的方式，如图 4-31 所示。

三、编辑文本

在 Flash CS5 中，通过对文本框进行编辑操作可以创建不同的文本效果，譬如对文本进行分离、变形、剪切、复制和粘贴等操作。

（一）选择文本

编辑文本或更改文本属性前，必须先选择要更改

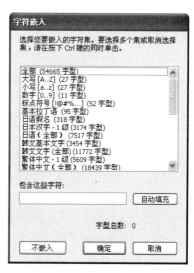

图 4-31　设置特殊文本参数

的文本。在工具箱中选择文本工具后,可选择所需的文本对象。

（二）转换文本类型

在默认情况下,使用文本工具创建的文本类型是静态文本。如果要改变已创建文本的类型,可以先选中文本,然后在文本"属性"面板中打开文本类型下拉列表,选择要更改的选项命令即可。

（三）分离文本

在 Flash CS5 中,文本的分离方法和分离原理与之前介绍到的组合对象相类似。选中文本后,选择"修改"→"分离"命令将文本分离 1 次可以使其中的文字成为单个的字符,分离 2 次可以使其成为填充图形。

（四）文本变形

在将文本分离为填充图形后,可以非常方便地改变文字的形状。要改变分离后文本的形状时,可以使用工具箱中的选择工具或部分选取工具等,对其进行各种变形操作,如图 4-32 所示。

（五）创建文本效果

在使用 Flash CS5 制作动画的过程中,文本是和图像同样重要的动画组成元素,利用 Flash CS5 可以制作出多种令人炫目的文字特效,如图 4-33 所示。

图 4-32　文本变形　　　　　　　　　图 4-33　创建文本效果

（六）创建文字链接

在 Flash CS5 中,可以将静态和动态的水平文本链接到 URL,从而在单击该文本时,可以跳转到其他文件、网页或电子邮件。

第六节　应用滤镜效果

滤镜是 Flash 重要的功能之一。使用滤镜可以透过现成的运算方式,将特效套用在绘制好的文字(或组件)上,只要改变设定值就可以呈现截然不同的效果。选择文字对象后,在文本工具"属性"面板的"滤镜"选项区域,可以设置滤镜的相关属性,如图 4-34 所示。

一、"滤镜"选项区域

"滤镜"选项区域各参数说明如下。
- 添加滤镜:为文本添加滤镜效果。
- 预设:为文本添加预设滤镜效果。
- 剪贴板:对滤镜效果进行复制与粘贴操作。
- 启用或禁用滤镜:启用或禁用所选滤镜效果。
- 重置滤镜:恢复滤镜效果参数为默认值。
- 删除滤镜:从已应用滤镜的列表中删除滤镜。

二、不同滤镜的分类及效果

单击"添加滤镜"按钮,可以看到 7 种不同的滤镜,分别是"投影"、"模糊"、"发光"、"斜角"、"渐变发光"、"渐变斜角"和"调整颜色",如图 4-35 所示。

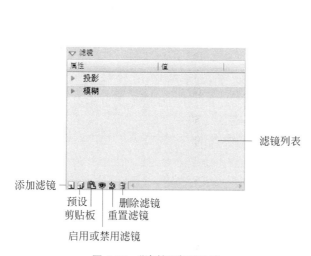

图 4-34 "滤镜"选项区域

图 4-35 添加滤镜

(一)"投影"滤镜

使用"投影"滤镜的效果如图 4-36 所示。

其中参数说明如下。
- 模糊:设置投影的模糊程度,分为 X 轴和 Y 轴,单击后面的锁定按钮可以解除锁定,自由设置 X 轴和 Y 轴的数值,可以输入 0～255 的数字。
- "强度":设置投影的显示强度,数值越高越强烈。

图 4-36　使用"投影"滤镜

- "品质"：设置投影的品质，分为"高"、"中"、"低"三种参数，品质选择越高，投影越清晰。
- "角度"：设置投影的角度，可以输入 0～360 的数字。
- "距离"：设置投影的距离，可以输入－255～255 的数字。
- "挖空"：表示在投影作为背景的基础上，对象被挖空的显示。
- "内阴影"：表示在对象内部生成阴影。
- "隐藏对象"：只显示投影而不显示对象。
- "颜色"：设置投影的颜色。

（二）"模糊"滤镜

使用"模糊"滤镜的效果如图 4-37 所示。

图 4-37　使用"模糊"滤镜

"模糊"滤镜的使用比较多，设置比较简单，其中参数说明如下。

- 模糊：设置模糊程度，分为 X 轴和 Y 轴，单击后面的锁定按钮可以解除锁定，自由设置 X 轴和 Y 轴的数值，可以输入 0～255 的数字。
- "品质"：设置模糊的品质，分为"高"、"中"、"低"三种参数，品质越高，模糊越明显。

（三）"发光"滤镜

使用"发光"滤镜的效果如图 4-38 所示。

"发光"滤镜效果可以设置对象的发光程度，参数包括模糊、强度、品质、颜色、挖空和内发光，说明如下。

- 模糊：设置发光的模糊程度，分为 X 轴和 Y 轴，可以输入 0～255 的数字。
- "强度"：设置发光的显示强度，数值越高越强烈。

图 4-38　使用"发光"滤镜

- "品质"：设置发光的品质，分为"高"、"中"和"低"三种参数，品质选择越高，发光越清晰。
- "颜色"：设置发光的颜色。
- "挖空"：表示在发光作为背景的基础上，对象被挖空的显示，效果如图 4-39 所示。
- "内发光"：表示在对象内部生成发光效果，效果如图 4-40 所示。

图 4-39　挖空效果 　　　　　　　　　　图 4-40　内发光效果

（四）"斜角"滤镜

使用"斜角"滤镜的效果如图 4-41 所示。

图 4-41　使用"斜角"滤镜

"斜角"滤镜效果可以设置对象的立体浮雕效果，参数包括模糊、强度、品质、阴影、加亮、角度、距离、挖空和类型，说明如下。

- 模糊：设置斜角的模糊程度。
- "强度"：设置斜角的显示强度，数值越高越强烈。
- "品质"：设置斜角的品质，分为"高"、"中"、"低"三种参数，品质选择越高，斜角越清晰。
- "阴影"：通过调色板设置阴影的颜色。
- "加亮显示"：通过调色板设置高光的颜色。
- "角度"：设置斜角的角度，可以输入 0～360 的数字。

- "距离"：设置斜角的距离，可以输入-255~255的数字。
- "挖空"：表示在斜角作为背景的基础上，对象被挖空的显示。
- "类型"：设置斜角的显示类型，包括内侧、外侧和全部。

（五）"渐变发光"滤镜

使用"渐变发光"滤镜的效果如图 4-42 所示。

图 4-42 使用"渐变发光"滤镜

"渐变发光"滤镜效果，可以说是增强型的发光滤镜，可以设置发光的颜色、角度、距离和类型等，其参数说明如下。

- 模糊：设置渐变发光的模糊程度。
- "强度"：设置渐变发光的显示强度。
- "品质"：设置渐变发光的品质，分为"高"、"中"、"低"三种参数，品质选择越高，渐变发光越清晰。
- "角度"：设置渐变发光的角度，可以输入 0~360 的数字。
- "距离"：设置渐变发光的距离，可以输入-255~255 的数字。
- "挖空"：表示在渐变发光作为背景的基础上，对象被挖空的显示。
- "类型"：设置渐变发光的显示类型，包括内侧、外侧和全部。
- "渐变"：可以控制渐变发光颜色，默认是从白到黑的渐变。

（六）"渐变斜角"滤镜

使用"渐变斜角"滤镜的效果如图 4-43 所示。

图 4-43 使用"渐变斜角"滤镜

"渐变斜角"滤镜效果和斜角滤镜效果相比参数有所变化，其中参数说明如下。

- 模糊：设置渐变斜角的模糊程度。

- "强度"：设置渐变斜角的显示强度，数值越高越强烈。
- "品质"：设置渐变斜角的品质，品质选择越高，渐变斜角越清晰。
- "角度"：设置渐变斜角的角度。
- "距离"：设置渐变斜角的距离。
- "挖空"：表示在渐变斜角作为背景的基础上，对象被挖空的显示。
- "类型"：设置渐变斜角的显示类型，包括内侧、外侧和全部。
- "渐变"：可以控制渐变斜角颜色。

（七）"调整颜色"滤镜

"调整颜色"滤镜可以调整对象的颜色亮度、对比度、饱和度和色相，也是一个非常实用的滤镜效果。使用"调整颜色"滤镜的效果如图 4-44 所示。

图 4-44　使用"调整颜色"滤镜

其中参数说明如下。

1. 亮度

调整对象的亮度，向左调动滑块可以降低亮度，向右调动滑块可以增加亮度，也可以直接输入正负数值，数值范围为 $-100 \sim 100$。

2. 对比度

调整对象颜色的对比度。向左调动滑块可以降低对比度，向右调动滑块可以增加对比度，也可以直接输入正负数值，数值范围为 $-100 \sim 100$。

3. 饱和度

调整对象颜色的饱和度。向左调动滑块可以降低饱和度，向右调动滑块可以增加饱和度，也可以直接输入正负数值，数值范围为 $-100 \sim 100$。

4. 色相

调整对象颜色的色相，改变其颜色，数值范围为 $-180 \sim 180$。

第七节　变形文字制作实例

一、导入图片

（1）选择"文件"→"新建"命令，在弹出的"新建文档"对话框中选择"Flash 文件"选项，单击"确定"按钮，进入新建文档舞台窗口。按 Ctrl＋F3 键，弹出文档"属性"面板，单击"大小"选项后面的按钮,在弹出的对话框中将舞台窗口的宽度设为 400,高度设为 400,单击"确定"按钮。

（2）选择"文件"→"导入"→"导入到库"命令,在弹出的"导入到库"对话框中选择 "Ch04\素材\制作变形文字\卡通"文件,单击"打开"按钮,文件被导入到"库"面板中,如 图 4-45 所示。将"图层 1"重命名为"图片",将"库"面板中的图形元件"卡通"拖曳到舞台 窗口中,如图 4-46 所示。

图 4-45　导入文件

图 4-46　拖入图片

（3）选择"窗口"→"变形"命令,在弹出的对话框中进行设置,如图 4-47 所示,按 Enter 键确定操作,卡通图片被旋转。选择"选择"工具,将卡通图片拖曳到舞台窗口的 上方,效果如图 4-48 所示。

图 4-47　"变形"设置

图 4-48　拖入图片

二、添加并编辑文字

（1）单击"时间轴"面板下方的"插入图层"按钮,创建新图层并将其命名为"文字", 将"文字"图层拖曳到"图片"图层的下方,如图 4-49 所示。选择文本工具 T,在文字"属 性"面板中进行设置,如图 4-50 所示,在图片的下方输入需要的黑色文字,效果如图 4-51 所示。按两次 Ctrl+B 键,将文字打散。

图 4-49　创建"文字"图层　　　　　　　图 4-50　文本属性设置

（2）选择"修改"→"变形"→"封套"命令，在当前选择的文字周围出现控制点，如图 4-52 所示。将鼠标移到左上方的控制点上当光标变为▷时，拖曳控制点到适当的位置，用相同的方法分别选中需要的控制点并拖曳到适当的位置，使文字产生相应的弯曲变化，效果如图 4-53 所示。

图 4-51　输入文字　　　　　　图 4-52　封套文字　　　　　　图 4-53　文字变形

（3）选择"窗口"→"颜色"命令，弹出"颜色"面板，在"类型"下拉列表中选择"线性"，选中色带上左侧的控制点，将其设为黄色（♯FDCE13），选中色带上右侧的控制点，将其设为橙色（♯DB6F02），如图 4-54 所示，文字被填充渐变，效果如图 4-55 所示。在舞台窗口中单击鼠标取消文字的选取状态。

图 4-54　颜色设置　　　　　　　　图 4-55　文字渐变效果

（4）选择"墨水瓶"工具 ，在"属性"面板中将"笔触颜色"设为黑色，"笔触大小"设为 2，如图 4-56 所示。将鼠标移到文字"T"上，当光标变为 时，单击鼠标为文字填充笔触颜色，如图 4-57 所示。使用相同的方法为其他文字填充笔触颜色，效果如图 4-58 所示。

选中所有文字,按 Ctrl+G 键,将其组合。

图 4-56　设置笔触　　　　　　图 4-57　填充笔触颜色　　　　　图 4-58　文字效果

(5)单击"时间轴"面板下方的"插入图层"按钮，创建新图层并将其命名为"圆形"，将"圆形"图层拖曳到"文字"图层的下方,如图 4-59 所示。选择"椭圆"工具，在椭圆工具"属性"面板中将笔触颜色设为无。

调出"颜色"面板,在"类型"下拉列表中选择"放射状",选中色带上左侧的控制点,将其设为白色,选中色带上右侧的控制点,将其设为蓝色(♯563CC4),如图 4-60 所示。按住 Shift 键的同时,在舞台窗口中的卡通图片和文字下方绘制一个圆形,效果如图 4-61 所示。变形文字制作完成,按 Ctrl+Enter 键即可查看效果。

图 4-59　新建图层　　　　　　图 4-60　颜色设置　　　　　　图 4-61　最终效果

【思考练习】

1. 简述渐变变形工具与传统渐变工具的区别与联系。
2. 简述滤镜效果的种类与应用范围。

【实训课堂】

结合课堂实例,运用所学知识,使用文本工具与图形结合,设计制作变形文字。

第5章

动画制作基础

【学习要点及目标】

1. 学习帧的创建与编辑方法,了解图层的使用方法;
2. 掌握库的使用方法,掌握元件的使用方法。

【本章导读】

本章将介绍 Flash 的重要组成部分——帧和图层。帧是 Flash 动画中最基本的单元,Flash 中应用的元素都位于帧上,当播放头移动到某帧时,该帧的内容就显示在舞台上;图层是 Flash 对动画重要的组织手段,在 Flash 动画通常有多个图层,用户可以在不同的图层上创建对象和对象的动画行为。同时,库和元件的使用会大大节省用户的工作时间和提高用户的工作效率。

第一节　帧的创建与编辑

Flash 动画的播放原理就像电影的放映一样,只不过 Flash 动画的播放是通过帧的连续播放来完成的。帧是 Flash 动画中最基本的组成单位,任何一个动画都是由不同的帧组成的。

一、帧的类型

在 Flash CS5 中,根据帧的不同功能和含义,将帧分为普通帧、空白关键帧和关键帧三种,这三种帧在时间轴中的表示方式如图 5-1 所示。

1. 普通帧

可以用来记录舞台的内容,但是不可以对普通帧的内容进行修改编辑,因为它不起关键作用。普通帧的作用是过滤和延长动画内容显示的时间。在时间轴中,普通帧以空心矩形或单元格表示。

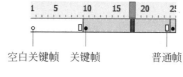

图 5-1　帧

2. 关键帧

指在动画播放过程中,呈现出关键性动作或内容变化的帧。它可以包含 ActionScript 代码以控制文档的动作。关键帧在时间轴上以实心的圆点表示,所有参与动画的对象都必须插在关键帧中。

3. 空白关键帧

一种特殊的关键帧,它没有任何对象存在,可以作为添加对象的占位符。若在空白关键帧中添加对象,其会自动转化为关键帧。如果将关键帧中的所有对象都删除,则关键帧也会自动转化为空白关键帧。在创建一个新的图层时,每个图层的第 1 帧默认为空白关键帧。空白关键帧在时间轴上以空心的圆点表示。

二、编辑帧

创建帧或关键帧后,要编辑帧则必须先选择帧。在不同情况下可采用不同的方法选择帧。通过编辑帧可以确定每帧中显示的内容、动画的播放状态和播放时间等。

(一)选择帧

若要对帧进行编辑和操作,首先必须选中要进行操作的帧,在 Flash CS5 中选择帧的方法主要有以下三种。

(1)选择单帧:单击时间轴上的某一帧,则该帧即被选中。

(2)选择连续的多帧:选择一帧后,按住 Shift 键的同时,单击其他需要选择的连续帧的最后一帧,即可选择两帧之间的所有帧,如图 5-2 所示。

(3)选择不连续的多帧:选择一帧后,按住 Ctrl 键的同时,单击其他需要选择的帧,即可选择不连续的多个帧。如图 5-3 所示为选择不连续的多帧效果。

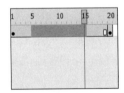
图 5-2　选择连续的多帧

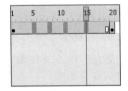
图 5-3　选择不连续的多帧

小贴士

如果需要选择所有的帧,可右击任一帧,在弹出的菜单中选择"选择所有帧"命令,将选中所有图层上的全部帧。

(二)插入帧

通过在动画中插入不同类型的帧,可实现延长关键帧播放时间、添加新动画内容等操作。在 Flash CS5 中插入帧的方法如下。

(1)插入普通帧:在要插入普通帧的位置右击,在弹出的快捷菜单中选择"插入帧"命令(或按 F5 键),可在当前位置插入普通帧。插入普通帧后可延长动画的播放时间。

（2）插入关键帧：在要插入关键帧的位置右击，在弹出的快捷菜单中选择"插入关键帧"命令（或按 F6 键），可在当前位置插入关键帧。插入关键帧后即可对插入的关键帧中的内容进行修改和调整，且不会影响前一个关键帧中的内容。

（3）插入空白关键帧：在要插入空白关键帧的位置右击，在弹出的快捷菜单中选择"插入空白关键帧"命令（或按 F7 键），可在当前位置插入空白关键帧。

（三）移动帧

某一帧在时间轴中的位置并不是一成不变的，可以将某帧连同帧中的内容一起移至其他位置。在 Flash CS5 中，移动帧的方法有以下两种：

（1）选中要移动的帧，然后按住鼠标左键将其拖到要移到的新位置即可；

（2）选中要移动的帧右击，在弹出的快捷菜单中选择"剪切帧"命令，然后在目标位置再次右击，在弹出的快捷菜单中选择"粘贴帧"命令即可。

（四）复制帧和粘贴帧

在需要多个相同的帧时，使用"复制帧"和"粘贴帧"命令，可以在保证帧内容完全相同的情况下提高工作效率。在 Flash CS5 中，复制、粘贴帧的方法有以下两种：

（1）用鼠标右击要复制的帧，在弹出的快捷菜单中选择"复制帧"命令，然后右击要复制到的目标帧，在弹出的快捷菜单中选择"粘贴帧"命令即可；

（2）选中要复制的帧，然后按住 Alt 键将其拖到要复制到的位置即可。

（五）删除帧

在创建动画的过程中，如果文档中某些帧失去意义，那么可以将其删除。删除帧用于将选中的帧从时间轴中完全清除，执行删除帧操作后，被删除帧后面的帧会自动向前移动并填补被删除帧所占的位置。

在 Flash CS5 中删除帧的方法是选中要删除的帧，选择"编辑"→"时间轴"→"删除帧"命令，或者右击该帧、关键帧或帧序列，然后从弹出菜单中选择"删除帧"命令即可。删除帧前后的效果如图 5-4 所示。

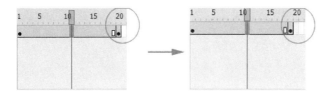

图 5-4　删除帧

（六）转换帧

普通帧也可以转换为空白关键帧或者关键帧，方法是右击需要转换的帧，在弹出菜单中选择"转换为关键帧"或者"转换为空白关键帧"命令，如图 5-5 所示。同样，关键帧或者空白关键帧也可以转换为普通帧，右击需要转换的帧，在弹出菜单中选择"清除关键帧"命令即可。

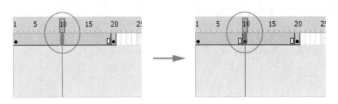

图 5-5　转换帧

（七）翻转帧

翻转帧可以将选中帧的播放顺序进行颠倒，使选中的最后一帧变为第 1 帧，第 1 帧变为最后一帧，反向播放动画。在"时间轴"面板中选中要翻转的所有帧右击，在弹出的快捷菜单中选择"翻转帧"命令，即可完成翻转帧的操作。

小贴士

在选中帧序列的起始和结束位置处必须要有关键帧。

（八）清除帧

清除帧用于将选中帧中的所有内容清除，但继续保留该帧所在的位置。在对普通帧或关键帧执行清除帧操作后，可将其转化为空白关键帧。在 Flash CS5 中清除帧的方法是选中要清除的帧，然后右击，在弹出的快捷菜单中选择"清除帧"命令，清除帧前后的效果如图 5-6 所示。

（九）更改帧的显示方式

在"时间轴"面板中通过对帧的显示方式进行设置，可以调整帧在时间轴中的显示状态，以便能更好地对帧进行查看和编辑。单击"时间轴"面板右侧的菜单按钮，弹出如图 5-7 所示的快捷菜单，在快捷菜单中选择一种显示方式，即可对"时间轴"面板中的帧显示方式进行更改。

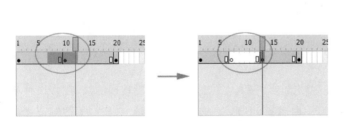

图 5-6　清除帧

图 5-7　更改帧的显示方式

三、显示帧

通常情况下,同一时间内只能显示动画序列的选定帧的内容。为便于定位和编辑动画,有时需要同时查看多帧内容,这就需要改变时间轴中帧的显示方式。"时间轴"面板如图5-8所示。

在"时间轴"面板中,各主要选项说明如下。

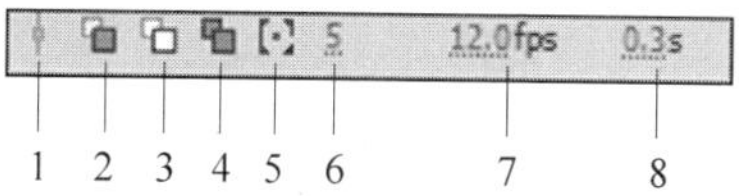

1. 帧居中

单击该按钮,可以使当前帧位于时间轴可视区域的中间位置。

图 5-8 "时间轴"面板

2. 绘图纸外观

单击该按钮,会显示当前帧的前后几帧,此时,只有当前帧是正常显示的,其他帧显示为比较淡的颜色,如图5-9所示。此时可以调整当前帧的图像,而其他帧是不可修改的,这种模式也称为"洋葱皮模式"。

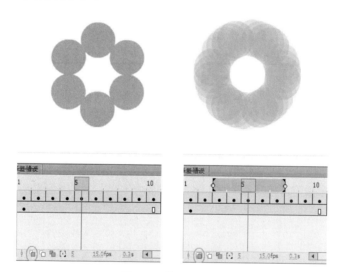

图 5-9 绘图纸外观

3. 绘图纸外观轮廓

单击该按钮,同样会以"绘图纸外观"的方式显示前后几帧,不同的是,当前帧正常显示,非当前帧是以轮廓线的形式显示的,效果如图5-10所示。在图案比较复杂的时候,显示外轮廓线有助于正确定位。

4. 编辑多个帧

单击该按钮,可编辑绘图纸外观标记之间的所有帧,如图5-11所示。不仅可以显示绘图纸外观标记之间每个帧的内容,并且无论哪一个帧为当前帧,都可以编辑这个帧的内容。

5. 修改绘图纸标记

单击该按钮,将打开弹出菜单,可根据需要选择下列一项。

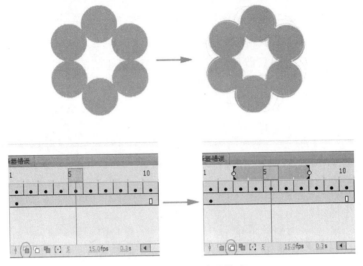

图 5-10　绘图纸外观轮廓

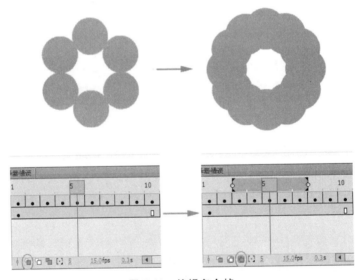

图 5-11　编辑多个帧

- "总是显示标记"：不论绘图纸外观是否打开，都会在时间轴标题中显示绘图纸外观标记。
- "锚定绘图纸"：将绘图纸外观标记锁定在它们在时间轴标题中的当前位置。
- "绘图纸 2"：在当前帧的两边各显示两个帧。
- "绘图纸 5"：在当前帧的两边各显示五个帧。
- "绘制全部"：在当前帧的两边显示所有帧。

6. 当前帧

显示播放头所在的帧数。

7. 频率

显示播放动画时每秒所播放的帧数。

8. 运行时间

从动画的第 1 帧播放到当前帧所需要的时间。

四、帧的显示模式

在动画创作中,可以根据需要调整帧的如下显示模式。

- "很小":用于控制单元格的大小。选择该选项,则时间轴上每个帧的单元格宽度很小。
- "小":用于控制单元格的大小。选择该选项,则时间轴上每个帧的单元格宽度较小。
- "标准":帧的默认显示模式,用于控制单元格的大小。时间轴上每个帧的单元格宽度适中。
- "中":用于控制单元格的大小。时间轴上每个帧的单元格宽度比"标准"模式略大。
- "大":用于控制单元格的大小。时间轴上每个帧的单元格宽度较大。
- "预览":以缩略图的形式显示每一帧的状态,有利于浏览动画和观察动画形状的变化,但占用了较多的屏幕空间。
- "关联预览":显示对象在各帧中的位置,有利于观察对象在整个动画过程中的位置变化,显示的图像比"预览"显示模式选项小一些。
- "较短":在以上的各种显示模式下,还可以选择"较短"选项。
- "彩色显示帧":默认情况下,帧是以彩色形式显示的。如果取消该选项,则时间轴将以白色的背景、红色的箭头显示。

第 二 节 使 用 图 层

为了在创建和编辑 Flash 动画时方便对舞台中的各对象进行管理,通常将不同类型的对象放置在不同的图层上。图层是时间轴的一部分,它采用综合透视原理,就像一张透明的纸,上面可以绘制任何对象或书写任何文字。动画中的每一个层之间相互独立,有自己独立的时间轴,有自己独立的帧。图层有助于用户组织文档中的内容。

一、图层的基本操作

每个 Flash 文档里都有一个自带的图层,可以看到,在图层编辑区域的最下端有一些操作按钮,如图 5-12 所示。

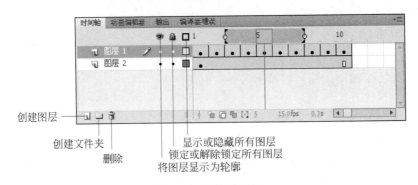

图 5-12　图层编辑区

（一）创建图层

新创建的影片中只有一个图层。根据需要可以增加多个图层,然后利用图层组织和布局影片的文字、图像、声音和动画等,使它们处于不同的图层中。单击时间轴左下方的"新建图层"按钮,或者选择"插入"→"时间轴"→"图层"命令,即可新建一个图层。

（二）创建图层文件夹

在"时间轴"面板中可以创建图层文件夹来组织和管理图层。选择"插入"→"时间轴"→"图层文件夹"命令,即可在"时间轴"面板中创建图层文件夹。还可以单击"时间轴"面板下方的"新建文件夹"按钮,创建图层文件夹。

（三）选取图层

用鼠标在时间轴上选择一个图层,就可将该图层激活,图层名称旁边出现一个铅笔图标时,表示该图层是当前的工作层,在"时间轴"面板中以深色显示,可以在当前层上放置对象、添加文本和图形以及进行编辑。

每次只能将一个图层设置为工作层。当一个图层被选中时,位于该图层中的对象也将全部被选中。

按住 Ctrl 键的同时,在要选择的图层上单击,可以一次选择多个图层。

按住 Shift 键的同时,单击两个图层,在这两个图层中间的其他图层也会被同时选中。

小贴士

选取图层的方法对图层文件夹同样适用,不同的是一旦选择了某个文件夹,也就选中了文件夹中的所有图层。

（四）复制图层

可以根据需要,将图层中的所有对象复制并粘贴到其他图层中。选择要复制的图层,选择"编辑"→"时间轴"→"复制帧"命令,进行复制。单击"新建图层"按钮,创建一个新的图层,选中新的图层,选择"编辑"→"时间轴"→"粘贴帧"命令即可完成复制。

（五）删除图层

如果某个图层不再需要，可以将其删除。选中要删除的图层，在面板下方单击"删除"按钮，即可删除选中图层；或选中要删除的图层，按住鼠标不放，将其向下拖曳到"删除"按钮上释放即可。

小贴士

删除图层文件夹的方法与删除图层的方法类似。

二、管理图层

（一）显示/隐藏图层

当对多个图层的图形进行编辑时，为了便于操作，经常需要显示或隐藏某些图层上的对象。要显示或隐藏一个或多个图层，在"时间轴"面板中单击"显示或隐藏所有图层"按钮👁下方的小黑圆点，这时小黑圆点所在的图层就被隐藏，在该图层显示一个叉号图标，此时图层将不能被编辑，如图 5-13 所示。再单击此叉号图标，即可解除隐藏。

如果在"时间轴"面板中单击"显示或隐藏所有图层"按钮，面板中的所有图层将被同时隐藏，再单击此按钮，即可解除隐藏。

（二）锁定图层

为了避免内容被意外地更改，可以锁定该图层。在"时间轴"面板中单击"锁定或解除锁定所有图层"按钮🔒下的小黑圆点，这时小黑圆点所在的图层就被锁定，在该图层上会显示一个锁状图标，如图 5-14 所示。此时图层将不能被编辑。再单击此锁状图标，即可解除锁定。

图 5-13　隐藏图层

图 5-14　锁定图层

如果在"时间轴"面板中单击"锁定或解除锁定所有图层"按钮，面板中的所有图层将被同时锁定，再单击此按钮，即可解除所有图层锁定。

（三）以轮廓方式显示图层

当图层上的对象比较复杂时，为了便于观察图层中的对象，可以只显示其轮廓线。在"时间轴"面板中单击"将图层显示为轮廓"按钮▢下方的实色正方形，这时实色正方形所在图层中的对象就呈线框模式显示,在该图层上实色正方形变为线框图标,如图 5-15 所示,此时并不影响编辑图层。

在"时间轴"面板中单击"将图层显示为轮廓"按钮,面板中的所有图层将被同时以线框模式显示。再单击此按钮,即可返回到普通模式。

(四)重命名图层

在默认情况下,新图层会按照创建的顺序命名。对图层重新命名可以更好地反映图层的内容。双击"时间轴"面板中的图层名称,名称变为可编辑状态,输入要更改的图层名称,在图层旁边单击即可。

(五)移动图层

图层在时间轴窗口上的顺序,确定了舞台上对象图层重叠的方式。时间轴窗口最上边的图层中的对象,总是处在该图层下方图层中的对象的上边。在"时间轴"面板中选中需要移动的图层,拖动鼠标,这时会出现一条前方带圆环的粗线,如图 5-16 所示,将粗线拖曳到需要放置的位置后,释放鼠标,即可实现图层的移动。

图 5-15　轮廓显示图层

图 5-16　移动图层

(六)设置图层的属性

使用"图层属性"对话框,也可以设置图层的显示、锁定及轮廓颜色等属性。双击"图层"图标 ,即可打开"图层属性"对话框,如图 5-17 所示。

其中从"图层高度"下拉列表中选取不同的值,可以调整图层的高度,有 100％、200％和 300％三种高度选项,这在处理插入声音的图层时很实用。将高度设置为 300％的效果如图 5-18 所示。

图 5-17　"图层属性"对话框

图 5-18　调整图层高度

第三节 使用"库"面板

Flash 中的库,主要用于存放和管理创建的元件,以及导入到 Flash 中的各类素材,当需要使用某个元件或素材时,可直接从库中对其进行调用。除此之外,在库中还可以对元件的属性进行更改,并可利用文件夹对元件和素材进行更好的管理。

库是通过"库"面板进行管理的,每个 Flash 动画文档都有一个专属的组件库,选择"窗口"→"库"命令,即可打开"库"面板,如图 5-19 所示。

图 5-19 "库"面板

- 固定当前库:在与其他文档共享元件库时,单击此按钮可固定要选用的文档元件库。
- 新建库面板:单击此按钮,可将目前的文档库面板独立开启成另一个组件库面板,这样可方便在不同的元件库面板中复制要使用的元件。
- 元件列表窗:列出"库"面板内所有的项目,每个项目前方均有其代表图标。
- 新建元件:单击此按钮可打开"创建新元件"对话框,如图 5-20 所示,从而建立新的元件,功能与执行"插入"→"新建元件"命令相同。

图 5-20 "创建新元件"对话框

- 新建文件夹：单击此按钮可在元件库面板中建立文件夹。这样可把同类的项目拖曳置入同一文件夹中，便于管理。
- 属性：更改选取项目的属性。选取元件后单击此按钮，可开启"元件属性"对话框，如图 5-21 所示。这样可重新选择元件的类型。
- 删除：删除当前选择的项目或文件夹。

小贴士

删除文件夹，文件夹内的项目也会一并删除。

在 Flash 中，需要首先通过新建或导入的方式为库中添加相应的元件和素材，然后才能在"库"面板中对其进行调用。但是对于一些常用的按钮、学习交互和类等项目，则可通过 Flash 中的公用库来获取，而不必自行创建。

Flash CS5 中的公用库主要有"声音"、"按钮"和"类"三种，通过选择"窗口"→"公用库"下的相应命令，即可打开相应的公用库，如图 5-22 所示。

图 5-21 "元件属性"对话框

图 5-22 按钮公用库

第四节 使用元件

元件是在 Flash 中创建的图形、按钮和影片剪辑。元件只需创建一次，就可在整个文档或其他文档中重复使用。创建的任何元件都会自动成为当前文档的库的一部分。

在使用元件时，由于一个实例在浏览中仅需要下载一次，这样就可以减少文件的尺寸，避免了同一对象的重复下载，加快动画的播放速度。

使用元件可以简化动画的编辑。在动画编辑过程中，可以把需要多次使用的元素制作成元件，当修改了元件以后，由同一元件生成的所有实例都会随之更新，而不必逐一对所有实例进行更改，这样就可大大节省创作时间，提高工作效率。

一、元件的类型

元件是 Flash 动画中可以反复使用的一个小部件,它可以是图片按钮或一段小动画。元件可以反复使用,不但大大提高了工作效率,而且可以很大程度地减小动画的体积。

Flash 中的元件包括三种类型:图形元件、按钮元件和影片剪辑元件。不同类型的元件可产生不同的交互效果,在创建动画时,应根据动画的需要来选择不同的元件类型。

（一）影片剪辑元件

影片剪辑元件本身就是一段可独立播放的动画,等同于一个完整的动画文件。在一个影片片段中可以包含其他多个动画片段,形成一种嵌套的结构。在播放影片时,影片剪辑元件不会随着主动画面的停止而结束工作,因此非常适合制作如下拉式菜单之类的动画元件。影片剪辑元件还可以包含交互式控件、声音甚至其他影片剪辑元件。所以影片剪辑元件是 Flash 中最具交互性、用途最多、功能最强的部分。

小贴士

影片剪辑元件的实例在场景中是无法预览的。

（二）按钮元件

按钮元件实际上是一个只有 4 帧的交互影片剪辑,当鼠标指针移到按钮之上或单击按钮时,即可产生交互,按钮会随时改变它的外观。按钮元件主要包括“弹起”、“指针经过”、“按下”和“点击”4 种状态,在时间轴上表现为以下 4 帧。

- “弹起”:代表在鼠标指针没有滑过按钮或单击按钮后又立即释放时的状态。
- “指针经过”:代表在鼠标指针经过按钮时的状态。
- “按下”:代表在使用鼠标单击按钮时的状态。
- “点击”:用来定义可以响应鼠标单击动作的有效区域。这帧中定义的区域在影片中是不可见的,但它定义了按钮响应鼠标事件的最大区域。如果这一帧没有定义图形,鼠标的响应区域则由“指针经过”和“弹起”两帧的图形来定义。

通过在这 4 个帧中创建不同的内容,可以使按钮在不同的状态下呈现出相应的图形内容,以突出按钮对鼠标或按键的响应状况。同时添加了脚本程序的按钮可以响应用户对影片的操作。

小贴士

如果对按钮仅使用文本,“点击”状态将显得尤为重要。因为如果没有“点击”状态,有效的区域只是限制在文字本身的字母轮廓线上,这使得单击按钮非常困难。在这种情况下,可以在“点击”帧上绘制一个图形来定义有效区域。

（三）图形元件

图形元件主要用于创建动画中可反复使用的图形，是制作动画的基本元素之一。图形元件中的内容可以是静态图像，也可以是由多个帧组成的动画，但不能对图形元件添加交互式行为和声音控制，既不能在脚本中引用图形元件，并且声音在图形元件中失效。

二、创建元件

（一）创建图形元件

当需要重复使用某个图形时，为了避免每次都重新绘制或导入图形，可以将其创建为图形元件。其具体操作如下。

（1）选择"插入"→"新建元件"命令（或按 Ctrl＋F8 键），打开"创建新元件"对话框，如图 5-23 所示。

（2）在"名称"文本框中输入要创建的元件名，在"类型"下拉列表中选择"图形"类型。

（3）单击"文件夹"右侧的"库根目录"链接，打开"移至"对话框，如图 5-24 所示。

图 5-23 "创建新元件"对话框　　　　图 5-24 "移至"对话框

（4）可以选择一个现有的文件夹或新建文件夹，单击"选择"按钮，返回"创建新元件"对话框。

（5）单击"确定"按钮，这时 Flash 将自动进入元件的编辑状态，如图 5-25 所示。

（6）在元件的编辑区中，可以使用绘图工具绘制图形，也可以选择"文件"→"导入"→"导入到舞台"命令，将已绘制完成的位图图片导入到编辑区，即可将导入的位图图形转换为一个图形元件，如图 5-26 所示。

（二）创建按钮元件

为了使 Flash 作品更加完美，常常需要为其添加各种按钮，如"开始"和"重播"按钮等。这些按钮都需要通过按钮元件来制作。创建按钮元件的具体操作如下。

图 5-25 编辑元件

图 5-26 导入位图图形

（1）打开"创建新元件"对话框。在"名称"文本框中输入创建元件的名称，在"类型"下拉列表中选择"按钮"类型，如图 5-27 所示。

（2）单击"确定"按钮，进入元件编辑区，可以看到其中包括"弹起"、"指针经过"、"按下"和"点击"帧，如图 5-28 所示。

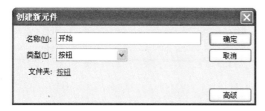

图 5-27 "创建新元件"对话框

图 5-28 编辑按钮元件时间轴

（3）单击"弹起"帧，导入图片文件，使其中心对齐元件编辑区，如图 5-29 所示。

（4）在工具面板中选择文本工具，输入文本"开始"，如图 5-30 所示。

图 5-29 导入图片文件

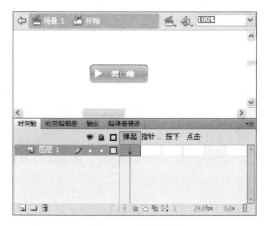

图 5-30 输入文本

（5）单击"指针经过"帧并按 F6 键插入关键帧，该帧中将显示"弹起"帧中的内容。选中文本，调整颜色，如图 5-31 所示。

（6）单击"按下"帧并按 F6 键插入关键帧，此时该帧中将显示"指针经过"帧中的内容。选中文本,调整颜色,如图 5-32 所示。

图 5-31　调整文本颜色

图 5-32　调整文本颜色

（7）单击"点击"帧并按 F5 键创建普通帧,作为"按下"帧的延续,表示只有当鼠标光标移到该按钮区域才能起作用。

（8）单击"场景 1"返回到场景中,这时在"库"面板中可以看到按钮元件。

（三）创建影片剪辑元件

影片剪辑元件是组成动画的基础。在制作动画的过程中,当需要重复使用一个已经创建的动画片段时,最好的办法就是将这个动画转换为影片剪辑元件,或者是新建影片剪辑元件。

（1）打开"创建新元件"对话框。

（2）在"名称"文本框中输入要创建的元件名,在"类型"下拉列表中选择"影片剪辑"类型,如图 5-33 所示。

图 5-33　"创建新元件"对话框

（3）可以选择一个现有的文件夹或新建文件夹,单击"确定"按钮,这时 Flash 将自动进入元件的编辑状态。在元件的编辑区中,可以使用绘图工具绘制图形,也可以选择"文件"→"导入"→"导入到舞台"命令,将已绘制完成的位图图片导入到编辑区,如图 5-34 所示。

（4）在"时间轴"面板中,插入一关键帧,修改图形(如旋转图形),如图 5-35 所示。

（5）重复上步操作,插入关键帧,修改图形(如旋转图形),直至完成图形修改,如图 5-36所示。

（6）单击"场景 1"返回到场景中,这时在"库"面板中可以看到所创建的影片剪辑元件。

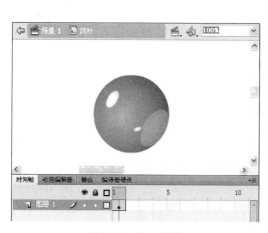

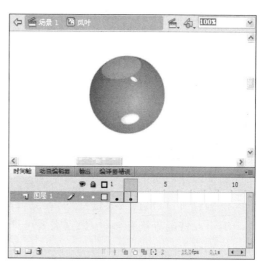

图 5-34　绘制图形　　　　　　　　　　图 5-35　修改图形

（四）转换为元件

在 Flash 中，可以将舞台中已有的对象转换为元件，也可以将一种元件转换为另一种元件。选中舞台中的对象后，选择"修改"→"转换为元件"命令，或者按 F8 键，打开"转换为元件"对话框，如图 5-37 所示。

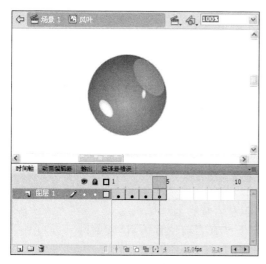

图 5-36　完成图形修改　　　　　　　图 5-37　"转换为元件"对话框

在其中选择要转换成的元件类型，也可以更改元件的注册点，单击"确定"按钮即可将该元件添加到库中，舞台上选定的对象此时就变成了该元件的一个实例。

使用现成对象所建立的元件，通常是只有 1 格影格的静态元件，可以双击舞台上的实体进入元件编辑模式进行编辑。

注册点代表元件的原点，若要制作引导线动画，启动贴齐功能后，必须使注册点吸附到移动路径上,元件才能随着引导线移动。在一般的情况下,如果是执行"插入"→"新建元件"命令,从无到有绘制一个新元件,通常会以注册点为中心来绘制元件,因此元件的注册点常与图形的中心点重叠。

若是将绘制好的图形转换成元件,在"转换为元件"对话框中预设的注册点在左上角,这时需要根据需要设定注册点。

三、编辑元件

元件创建完成后,如果对元件不满意,还可以对其进行编辑修改,双击元件进入对应的元件编辑窗口,根据需要进行编辑,编辑完成后单击场景图标回到场景中。

编辑元件的方法有多种,根据需要可选择不同的编辑模式。在 Flash CS5 中,编辑元件的模式有"在当前位置编辑"、"在新窗口中编辑"和"在元件的编辑模式下编辑"3 种。可根据需要选择不同的编辑模式编辑元件。

(一)在当前位置编辑

"在当前位置编辑"模式下,元件和其他对象位于同一个舞台中,但其他对象会以较浅的颜色显示,从而与正在编辑的元件区分开来,正在编辑的元件名称会显示在舞台上方的信息栏内,位于当前场景名称的右侧,如图 5-38 所示。

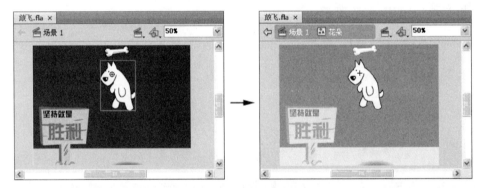

图 5-38 在当前位置编辑元件

在 Flash CS5 中,启动"在当前位置编辑"的方法有以下三种:

(1)选择需要编辑的元件实例,选择"编辑"→"在当前位置编辑"命令;

(2)在舞台上双击编辑的元件实例;

(3)在需要编辑的元件实例上右击,在弹出的快捷菜单中选择"在当前位置编辑"命令。

(二)在新窗口中编辑

在需要编辑的元件实例上右击,在弹出的快捷菜单中选择"在新窗口中编辑"命令,或在"库"面板中双击元件的图标,即可打开一个新的舞台。此时,元件将被放置在一个单独的窗口中进行编辑，可以同时看到该元件和时间轴，正在编辑的元件名称会显示在舞台上方的信息栏内，如图5-39所示。

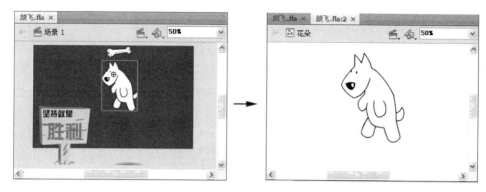

图5-39　在新窗口中编辑元件

该编辑模式不常用，如果不喜欢在场景和元件之间切换，可以使用"在新窗口中编辑"模式。

（三）在元件的编辑模式下编辑

在这种模式下，需要编辑的元件将使用单独的视图来显示。正在编辑的元件名称会显示在舞台上方的编辑栏内，位于当前场景名称的右侧，如图5-40所示。

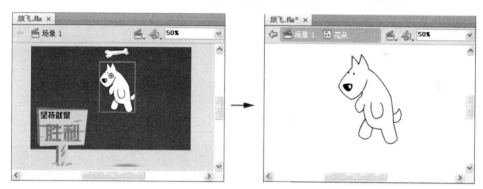

图5-40　在元件的编辑模式下编辑元件

在Flash CS5中，启动"在元件的编辑模式下编辑"的方法有以下三种：

（1）选择需要编辑的元件实例，选择"编辑"→"编辑元件"命令；

（2）在需要编辑的元件实例上右击，在弹出的快捷菜单中选择"编辑"命令；

（3）单击文档窗口右上角的"编辑元件"按钮　，在弹出的列表框中选择所要编辑的元件名称。

技巧

无论在哪种编辑模式下，当元件编辑完毕后，按Ctrl＋E组合键均可返回场景编辑模式。

第五节　使用元件实例

在创建元件后，就可以将元件应用到舞台中。元件一旦从元件库中被拖到工作区，就变为了"实例"，实例是元件在舞台中的具体体现，还可以根据需要对创建的实例进行修改。在动画中的所有地方都可以创建实例，一个元件可以创建多个实例，而且每一个实例都有各自的属性。

一、创建实例

创建元件后，就可以在动画中应用元件的实例。元件只有一个，但通过该元件却可以创建无数个实例，每一个实例都有区别于其他实例的属性，如大小、颜色和旋转方向等。也可以倾斜、旋转或缩放实例，这并不会影响元件。

使用实例并不会明显增加文件的大小，但却可以有效减少影片的创建时间，方便影片的编辑修改。创建实例时，系统都会为它们指定一个默认名称，可以在"属性"面板中根据需要给实例指定新名称。

创建实例的方法很简单，选中库中的元件按住鼠标左键拖动到舞台上，释放鼠标即可，如图 5-41 所示。创建成功后，在舞台中，影片剪辑设置一个关键帧即可。而包含动画的图形实例，则必须在与其元件同样长的帧中放置，才能显示完整的动画。

图 5-41　创建实例

二、更改实例的类型

对于已经创建好的元件实例，每个实例最初的类型，都是延续了其对应元件的类型。可以根据需要将实例的类型进行转换。

在舞台上选择图形实例，在"属性"面板的上方，选择"实例行为"下拉列表中的其他类型，即可实现实例的类型转换，如图 5-42 所示。

三、设置实例的颜色样式

在舞台中选中实例，在"属性"面板的"样式"下拉列表中，可以设置实例的亮度和色调等，如图 5-43 所示。

图 5-42　转换类型

图 5-43　"样式"下拉列表

（一）无

表示对当前实例不进行任何更改。如果对实例以前做的变化效果不满意，可以选择此选项，取消实例的变化效果，再重新设置新的效果。

（二）亮度

用于调整实例的明暗对比度，如图 5-44 所示。可以在"亮度"文本框中直接输入数值，也可以拖动滑块来设置数值。亮度值越大，实例的亮度越高，反之越暗。最暗为黑色，

图 5-44　调整亮度

最亮为白色。

（三）色调

用于调整实例的颜色，如图 5-45 所示。可以单击"样式"选项右侧的色块，在弹出的色板中选择要应用的颜色，也可以通过在红、绿、蓝三原色的文本框中输入数值来调整。

图 5-45　调整色调

（四）Alpha

调整实例的透明度，可以在 0%～100% 之间取值，从而在不透明和完全透明之间变化，如图 5-46 所示。

图 5-46　调整透明效果

（五）高级

用于设置实例的颜色和透明效果，如图 5-47 所示。可以分别设置"红"、"绿"、"蓝"和"Alpha"的值。

小贴士

利用色彩效果调整功能可以制作出各种渐变动画。

图 5-47　调整颜色和透明效果

四、复制实例

对于已经创建好的元件实例,还可根据需要对其进行复制操作。当想将舞台上的实例复制时,只需再次从库中将元件拖到舞台上即可。也可在按住 Alt 键的同时,拖动需要被复制的实例到合适的位置,再松开 Alt 键。

小贴士

当然还可以利用"编辑"菜单中的"复制"和"粘贴"命令来完成这一操作。

五、分离实例

实例不能像图形或文字那样进行填充,但将实例分离后,就会断开实例与元件之间的链接,将其变为形状(填充和线条),这时,就可以对实例进行修改,而不影响元件本身和该元件的其他实例。

要分离元件的一个实例,可在舞台上选择该实例,选择"修改"→"分离"命令,这样就会把实例分离成图形元素,这时就可以使用绘制和涂色工具根据需要修改这些元素。

六、交换实例所引用的元件

在舞台中创建实例后,如果需要替换实例,但保留所有的原始实例属性(如色彩效果或按钮动作),可以通过的"交换元件"命令来实现。选择需要替换的实例,在"属性"面板中单击"交换"按钮,打开"交换元件"对话框,如图 5-48 所示。

在"交换元件"对话框中选择用于替换的实例,单击"确定"按钮,即可实现元件交换,效果如图 5-49 所示。

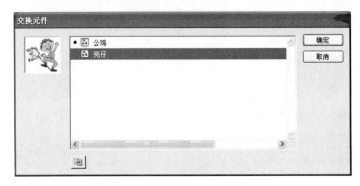

图 5-48　"交换元件"对话框

图 5-49　交换元件

【思考练习】

1. 帧的类型有哪几种？

2. 在一个 Flash 动画中，最多可以创建多少个图层？

【实训课堂】

1. 创建一个空白文档，在"图层 1"图层的第 20 帧处插入一个关键帧，在第 23 帧处插入一个空白关键帧。

2. 创建一个空白文档，在时间轴上新建 5 个图层，分别重命名为 A、B、D、E、F，并隐藏 B 和 D 图层，锁定 F 图层，只显示所有图层的轮廓线。

第**6**章

基本动画制作

【学习要点及目标】

1. 理解关键帧和动画帧的概念,掌握相关操作;
2. 掌握逐帧动画、补间动画、传统补间、补间形状的概念与操作;
3. 理解影片浏览器和影片播放器的用途,掌握影片浏览器的操作应用。

【本章导读】

    Flash CS5 提供了几种在文档中包含动画和特定效果的方法。在认识掌握动画帧操作的基础上,创建逐帧动画、补间动画、传统补间、补间形状等。Flash 可以通过更改起始帧和结束帧之间的对象大小、旋转、颜色或其他的属性,来创建运动的效果。影片浏览器的应用为动画的制作提高效率,影片播放器的应用则提高动画浏览的兼容性。

第一节 认识动画帧

    动画是通过迅速且连续地呈现一系列图像(形)来获得的。由于这些图像在相邻帧之间有较小的变化(包括方向、位置及形状等的变化),所以会形成动态效果。实际上,在舞台上看到的第 1 帧是静止的画面,只有在播放头以一定的速度沿各帧移动时,才能从舞台上看到动画效果。

一、关键帧和动画帧

    关键帧就是用来定义动画变化的帧,在时间轴中关键帧显示为实心圆。当制作逐帧动画时。每一帧都是关键帧。如图 6-1 所示,显示实心圆的均为关键帧。

    在补间动画中,可以在动画的重要位置定义关键帧,让 Flash 创建两个关键帧之间的动画帧内容。Flash 通过在两个关键帧之间绘制一个浅蓝色或浅绿色的箭头,来显示补间动画的动画帧。因为关键帧可以使用户不用画出每个帧就可以生成动画,所以使用户能够更轻松地创建动画。

    可以通过在时间轴中拖动关键帧,来轻松地更改补间动画的长度。关键帧在时间轴

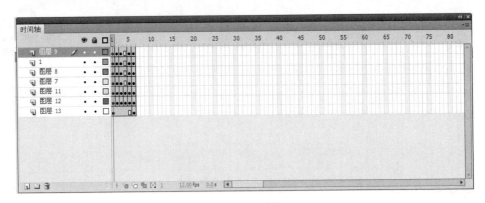

图 6-1　关键帧

中标明，有内容的关键帧以该帧前面的实心圆表示，而空白的关键帧则以该帧前面的空心圆表示，如图 6-2 所示。

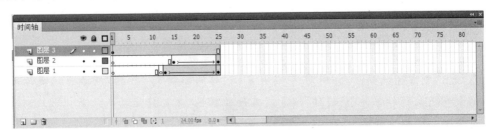

图 6-2　不同的关键帧表示

二、帧频

　　帧频表示的是动画播放的速度，以每秒播放的帧数来度量。帧频太慢会使动画看起来一顿一顿的，帧频太快会使动画的细节变得模糊。在 Web 上，12 帧/秒的帧频通常会得到最佳的效果。在时间轴下方的状态栏中会显示当前影片的帧频。

　　动画的复杂程度和播放动的计算机速度会影响回放的流畅程度。为此可在各种计算机上测试动画，以确定最佳帧频。

　　由于只给整个 Flash 文档指定一个帧频，因此最好在创建动画之前设置帧频。

　　每次打开 Flash 的时候，程序都会自动地创建一个新文档。选择"修改"→"文档"命令，或者按 Ctrl＋I 组合键，即可弹出"文档设置"对话框，从中可以对影片的帧频进行设置，如图 6-3 所示。

- "标尺单位"下拉列表用于选择一种标尺单位。
- 要设置文档的大小属性，可以在"尺寸"的"宽"和"高"文本框中输入相应的宽度值和高度值。默认的文档大小为宽 550 像素、高 400 像素。其中最大尺寸为宽 2880 像素、高 2880 像素，最小尺寸为宽 18 像素、高 18 像素。
- 可以通过"背景颜色"选项选择并设置文档的背景颜色。

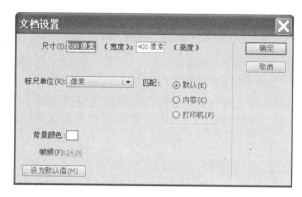

图 6-3　设置帧频

- 在"帧频"文本框中可以输入每一秒钟要显示的动画帧数。

三、帧的操作

（一）在时间轴中处理帧

在时间轴中,可以处理帧和关键帧,将它们按照想让对象在帧中出现的顺序进行排列。可以通过在时间轴中拖动关键帧来更改补间动画的长度。可以对帧或关键帧进行如下修改。

（1）插入、选择、删除和移动帧或关键帧。

（2）将帧和关键帧拖到同一图层中的不同位置,或是拖到不同的图层中。

（3）复制、粘贴帧和关键帧。

（4）将关键帧转换为帧。

（5）从"库"面板中将一个项目拖到舞台上,从而将该项目添加到当前的关键帧中。

（二）插入帧

要在时间轴中插入帧,可以进行以下操作之一。

（1）要插入新帧,可选择"插入"→"时间轴"→"帧"命令,如图 6-4 所示。

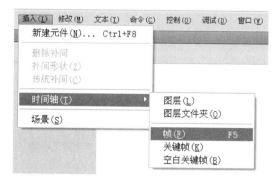

图 6-4　插入新帧

（2）要创建新关键帧，可选择"插入"→"时间轴"→"关键帧"命令，如图 6-5 所示。或者右击要在其中放置关键帧的帧，然后从弹出的快捷菜单中选择"插入关键帧"命令，如图 6-6 所示。

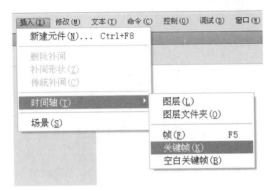

图 6-5　菜单命令插入

图 6-6　右键菜单插入

（3）要创建新的空白关键帧，可选择"插入"→"时间轴"→"空白关键帧"命令，如图 6-7 所示。或者右击要在其中放置空白关键帧的帧，然后从弹出的快捷菜单中选择"插入空白关键帧"命令，如图 6-8 所示。

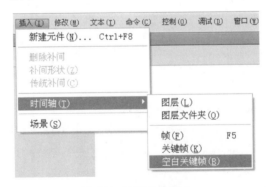

图 6-7　菜单命令插入

图 6-8 右键菜单插入

（三）选择帧

若要选择时间轴中的一个或多个帧,可以进行以下操作。

（1）要选择一个帧,单击该帧。

（2）要选择多个连续的帧,按住 Shift 键并单击其他帧。

（3）要选择多个不连续的帧,按住 Ctrl 键单击其他帧。

（4）要选择时间轴中的所有帧,可以选择"编辑"→"时间轴"→"选择所有帧"命令。

（四）删除或修改帧

要删除或者修改帧或关键帧,可以进行以下操作之一。

（1）要删除帧、关键帧或帧序列,则选择该帧、关键帧或帧序列,然后选择"编辑"→"时间轴"→"删除帧"命令;或者右击该帧、关键帧或帧序列,然后从弹出的快捷菜单中选择"删除帧"命令。周围的帧将保持不变。

（2）要移动关键帧或帧序列及其内容,可直接将该关键帧或序列拖到所需的位置。

（3）要延长关键帧动画的持续时间,则按住 Alt 键拖动关键帧,将其拖到希望成为序列的最后一个帧的那个帧位置。

（4）要通过拖动来复制关键帧或帧序列,则按住 Alt 键将关键帧拖到新位置。

（5）要复制和粘贴帧或帧序列,则选择该帧或序列,然后选择"编辑"→"时间轴"→"复制帧"命令,再选择想要替换的帧或帧序列,然后选择"编辑"→"时间轴"→"粘贴帧"命令。

（6）要将关键帧转换为帧,则选择该关键帧,然后选择"编辑"→"时间轴"→"清除关键帧"命令;或者右击该关键帧,然后从弹出的快捷菜单中选择"清除关键帧"命令。所清除的关键帧以及到下一个关键帧之前的所有帧的舞台内容,将被所清除的关键帧之前的帧的舞台内容替换。

（7）要更改补间序列的长度,则将开始关键帧或结束关键帧向左或向右拖动,以更改补间动画序列的长度。

（8）要将项目从库中添加到当前关键帧中,则将该项目从"库"面板拖到舞台中。

小贴士

翻转帧和延伸帧

翻转帧:要翻转动画序列,可以选择一个或多个图层中的合适帧,然后选择"修改"→"时间轴"→"翻转帧"命令即可。在序列的起始和结束位置处必须有关键帧。

延伸帧:在为动画制作背景的时候,通常需要制作一幅跨越许多帧的静止图像,此时就要在这个图层中插入延伸帧,新添加的帧中会包含前面关键帧中的图像。将一帧静止图像延伸到其他帧中的具体步骤如下。

（1）在任意图层的第1个关键帧中制作一幅图像。

（2）选中该图层的另外一帧,按F5快捷键插入帧;或者右击,在弹出的快捷菜单中选择"插入帧"命令,就可以将图像延伸到新帧的位置。

第二节　逐帧动画

逐帧动画技术利用人的视觉暂留原理,快速地播放连续的、具有细微差别的图像,使原来静止的图形运动起来。人眼所看到的图像大约可以暂存在视网膜上 1/16 秒,如果在暂存的影像消失之前观看另一张有细微差异的图像,并且后面的图片也在相同的极短时间间隔后出现,所看到的将是连续的动画效果。

电影的拍摄和播放速度为每秒 24 帧画面,比视觉暂存的 1/16 秒短,因此看到的是活动的画面,实际上只是一系列静止的图像。

一、逐帧动画的特点和用途

要创建逐帧动画,需要将每个帧都定义为关键帧,然后给每个帧创建不同的图像。每个新关键帧最初包含的内容和它前面的关键帧是一样的,因此可以递增地修改动画中的帧。

制作逐帧动画的基本思想是把一系列相差甚微的图形或文字放置在一系列的关键帧中,动画的播放看起来就像一系列连续变化的画。其最大的不足就是制作过程较为复杂,尤其是在制作大型的 Flash 动画的时候,它的制作效率是非常低的,在每一帧中都将旋转图形或文字,所以占用的空间会比制作渐变动画所耗费的空间大。但是,逐帧动画的每一帧都是独立的,它可以创建出许多依靠 Flash CS5 的渐变功能无法实现的动画,所以在许多优秀的动画设计中也用到了逐帧动画。

二、制作逐帧动画

（一）在舞台上一帧一帧地绘制或修改图形来制作动画

（1）用铅笔等工具在舞台上绘出图形作为开始帧,如图 6-9 所示。

图 6-9　绘制开始帧

（2）右击第 2 帧，在弹出的快捷菜单中选择"插入空白关键帧"命令，然后在舞台上绘图，如图 6-10 所示。

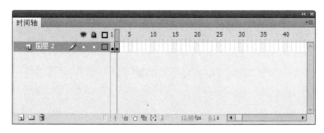

图 6-10　插入关键帧

（3）使用同样的方法插入第 3、第 4 和第 5 帧……并分别在舞台上绘制新的关键帧的内容，如图 6-11～图 6-16 所示。

（二）通过导入图片组，可以实现自动产生帧动画的效果

（1）选择"文件"→"导入"→"导入到舞台"命令，然后在弹出的"导入"对话框中找到存放连续图片的文件夹"小鱼手绘动画图稿件"。对话框文件目录中的 1.jpg 至 6.jpg 是一组反映小鱼游动的图片组，如图 6-17 所示。

（2）选中第 1 张 1.jpg，单击"打开"按钮，这时 Flash 会弹出一个对话框，提示是否导入所有的图片文件，如图 6-18 所示。

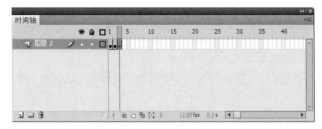

图 6-11　绘制第 3 帧

图 6-12　绘制第 4 帧

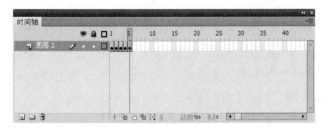

图 6-13　绘制第 5 帧

图 6-14 绘制第 6 帧

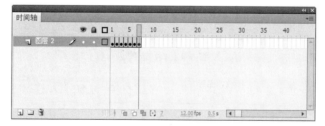

图 6-15 绘制第 7 帧

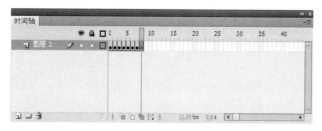

图 6-16 绘制第 8 帧

图 6-17　导入条件

图 6-18　提示信息

（3）单击"是"按钮，这样一组共 6 张图片就会自动地导入连续的帧中，如图 6-19、图 6-20 所示。

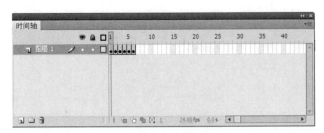

图 6-19　导入第 1 张图片

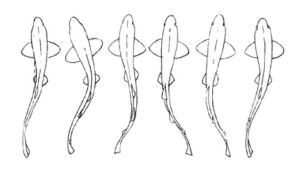

图6-20 导入6张图片

小贴士

逐帧动画被导入的图片应该是一组以有序数字结尾的文件。

第三节 补间动画

Flash CS5 提供功能强大的动画创建工具。在 Flash CS5 中,大多数简单的动画都是通过使用被称为补间的过程来完成的。补间是"在中间"的简称,它是指填充在两个关键帧之间的帧,以便将第 1 个关键帧中显示的图形更改为第 2 个关键帧中显示的图形。

在 Flash CS5 中创建动画时会出现"创建补间动画"、"创建补间形状"、"创建传统补间"三个选项。其中创建补间形状操作与 Flash 8 版本的方法相同,补间动画和传统补间的区别是在 Flash CS4 才出现的,如果你是比较早的 Flash 版本用过来的话,会比较习惯使用传统补间。

一、传统补间

简单地说,制作传统补间(原来的动画补间动画)需要做到:定头,定尾,做动画(开始帧,结束帧,创建动画动作)。

(一)创建传统补间动画的方法

传统补间动画的创建方法是:先在时间轴上的不同时间点定好关键帧(每个关键帧都必须是同一个元件),之后,在关键帧之间选择传统补间,则动画就形成了。

(二)传统补间动画实例

以下通过一个"小狗蹦跳"的实例来制作一个简单的传统补间动画。

(1)执行"修改"→"文档"命令,将背景色填充成蓝色。选择"文件"→"导入"→"导入到舞台"命令,在弹出的"导入"对话框中找到"小狗.ai"文件,单击"打开"按钮将图片导入到舞台,并将图片放置在时间轴的第 1 帧,调整图片的位置和大小,如图 6-21 所示。

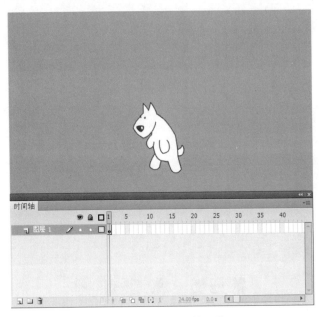

图 6-21　导入第 1 帧图片

　　(2) 单击时间轴第 10 帧,右击选择"插入关键帧"命令,然后将小狗的图片挪动到蓝色背景的上方,如图 6-22 所示。

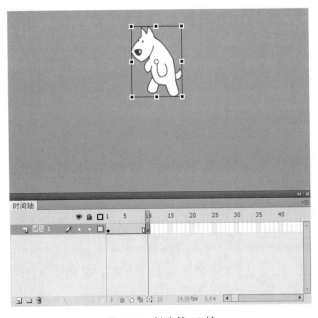

图 6-22　创建第 10 帧

　　(3) 单击时间轴第 20 帧,右击选择"插入关键帧"命令,然后将小狗的图片挪动到蓝色背景的下方,如图 6-23 所示。

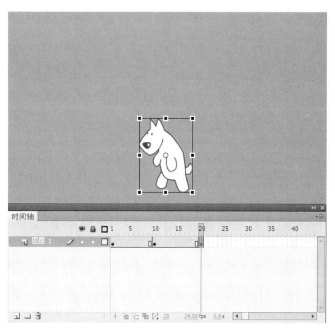

图 6-23　创建第 20 帧

（4）用鼠标选取第 1 个关键帧和第 10 个关键帧，然后右击，在弹出的快捷菜单中选择"创建补间动画"命令，即可完成小狗上下蹦跳的补间动画的创建。按 Ctrl＋Enter 组合键即可演示动画效果，如图 6-24 所示。

图 6-24　动画效果

（三）传统补间的"属性"面板

1. 缓动

用来设置动画的快慢速度。其值为－100～100,可以在文本框中直接输入数字,或通过拖动滑块来调整大小。设置为 100 动画先快后慢,－100 动画先慢后快,其间的数字按照－100～100 的变化趋势逐渐变化。

2. 旋转

此下拉列表中包括"无"、"顺时针"和"逆时针"3 个选项。

"无"表示没有旋转效果;"顺时针"表示即使结束帧相对于起始帧没有任何旋转的角度,也会生成作顺时针旋转的效果;"逆时针"与顺时针的概念基本相同,差别在于该选项是逆时针旋转。只有在选择了"顺时针"或"逆时针"时,才能设置旋转的次数。

3. 路径

元件在沿引导线移动的过程中,元件的中心点与弧线始终保持一致。

二、补间动画

简单地说,制作补间动画需要做到:定头,做动画(开始帧,选中对应帧,改变对象位置)。

（一）创建补间动画的方法

在时间轴中创建:用鼠标选取要创建动画的关键帧右击,在弹出的快捷菜单中选择"创建补间动画"命令,即可快速地完成补间动画的创建。在命令菜单中创建:选取要创建动画的关键帧后,选择"插入"→"补间动画"命令,同样也可以创建补间动画。

❓小贴士

补间动画与传统补间的区别

补间动画是在舞台上画出一个元件以后,不需要在时间轴的其他地方再打关键帧。直接在那层上选择补间动画,会发现那一层变成蓝色,之后,只需要先在时间轴上选择需要加关键帧的地方,再直接拖动舞台上的元件,就自动形成一个补间动画了。并且这个补间动画的路径是可以直接显示在舞台上,且是有调动手柄可以调整的。

传统补间是最简单的点对点平移,就是一个图形从一个点匀速移动到另外一个点,没有速度变化,没有路径偏移(弧线),一切效果都需要通过后续的其他方式去调整。

一般在用到 Flash CS5 的 3D 功能时,会用到这种补间动画。一般做 Flash 项目,还是用传统的比较多,更容易把控,而且,传统补间比新补间动画产生的文件要小,放在网页里,更容易加载。

最主要的一点,传统补间是两个对象生成一个补间动画,而新的补间动画是一个对象的两个不同状态生成一个补间动画,这样,就可以利用新补间动画来完成大批量或更为灵活的动画调整。

（二）补间动画实例

以下通过一个"小鸟"的实例来制作一个简单的传统补间动画。

（1）执行"修改"→"文档"命令,将背景色填充成黄色。执行"文件"→"导入"→"导入到舞台"命令,在弹出的"导入"对话框中找到"小鸟.png"文件,单击"打开"按钮将图片导入到舞台,并将图片放置在时间轴的第 1 帧,调整图片的位置和大小,如图 6-25 所示。

图 6-25　导入图片

（2）在图片上右击,在弹出的快捷菜单中选择"转换为元件"命令(或者按 F8 键),弹出"转换为元件"对话框,选择"图形"类型,然后单击"确定"按钮,即可将导入的图片转换为元件,如图 6-26 所示。

图 6-26　转换为元件设置

（3）选择第 1 帧右击,在弹出的快捷菜单中选择"创建补间动画"命令。将动画的终点调整到时间轴的第 40 帧,然后将舞台上的实例从第 1 帧的位置向右上方拖曳,如图 6-27 所示。

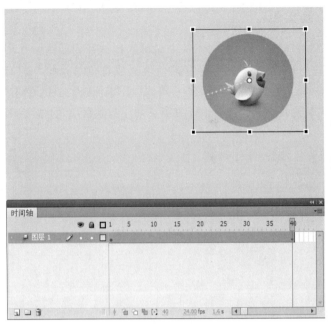

图 6-27　拖曳图片

（4）选择第 10 帧右击，在弹出的快捷菜单中选择"插入关键帧"→"位置"命令，如图 6-28 所示。

图 6-28　插入关键帧

（5）移动第 10 帧的图片，调整位置，如图 6-29 所示。

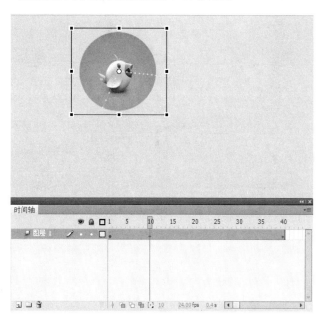

图 6-29 调整第 10 帧图片位置

（6）选择第 25 帧右击，在弹出的快捷菜单中选择"插入关键帧"→"位置"命令。移动第 25 帧的图片，调整位置，如图 6-30 所示。

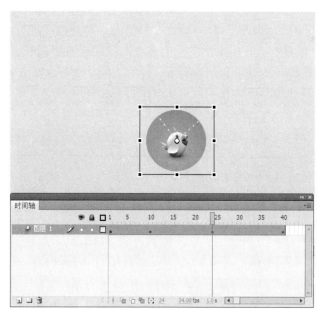

图 6-30 调整第 25 帧图片位置

（7）选择第 25 帧的图片，在"属性"面板中调整色彩效果，设置其 Alpha 值为 48%，如图 6-31 所示。

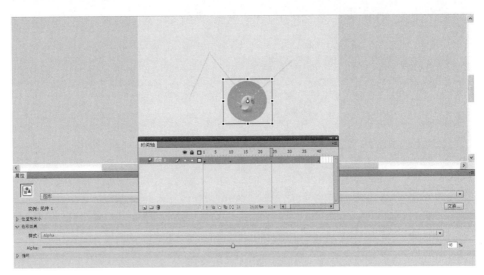

图 6-31　调整图片色彩

（8）至此，"小鸟"补间动画完成，按 Ctrl＋Enter 组合键即可演示动画效果。

第四节　补间形状

形状补间适用于图形对象。在两个关键帧之间可以制作出变形的效果，让一种形状随时间变化成另外一种形状，还可以对形状的位置、大小和颜色等进行渐变。

在 Flash 中，可以对放置在一个图层上的多个形状进行形变，但通常一个图层上只放一个形状就会产生出较好的效果。利用变形提示，可以控制更为复杂和不规则形状的变化。变形提示用以帮助建立原形状与新形状各个部分之间的对应关系。

一、制作简单变形

让一种形状变化成另外一种形状的具体步骤如下。

（1）使用绘图工具在舞台上拉出一个随意大小无填充的矩形，这是变形动画的第 1 帧，如图 6-32 所示。

（2）选中第 10 帧，按 F7 键插入空白关键帧。在工具面板中选择"文本工具" T ，再在舞台上输入字母"j"，然后选中它。按 Ctrl＋F3 组合键打开"属性"检查器，从字体字符下拉列表中选择 Webdings 选项，出现"飞机"字符，如图 6-33 所示。然后在面板中调整飞机的大小，如图 6-34 所示。

🅀 小贴士

在"属性"检查器中选择传统文本，在英文字体中有很多特殊的字体，例如 Webdings，它可以产生各类图案。

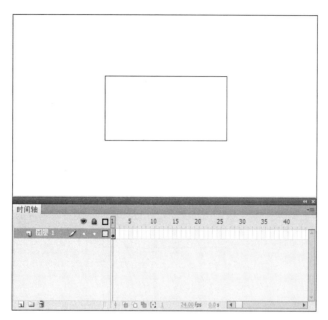

图 6-32　绘制矩形

图 6-33　选择"飞机"字符

图 6-34　调整字符大小

（3）按 Ctrl＋B 组合键将"飞机"字符分离，这样就能作为变形结束帧的图形，如图 6-35 所示。

小贴士

因为在 Flash 中不能对组、符号、字符或位图图像进行形状变形，所以要将字符打散。

图 6-35　分离"飞机"字符

（4）在时间轴上选取第 1 帧，然后右击，在弹出的快捷菜单中选择"创建补间形状"命令，生成变形动画，如图 6-36、图 6-37 所示。

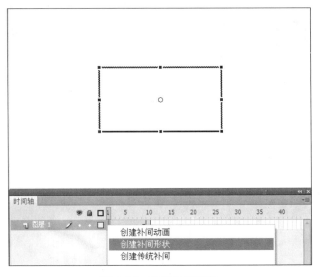

图 6-36　创建补间形状

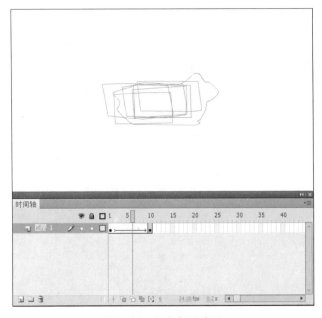

图 6-37　生成变形动画

"属性"面板中的"缓动"选项在前面已经介绍过。"混合"下拉列表中有两个可选项，它们的作用如下。

（1）分布式：可以使开头的变化更为平滑。

（2）角形：使得形状在变化的过程中保持其外观的边角直线。对于具有较显著的边角直线的形状来说，角形更为合适。

变形动画生成后，用鼠标拖曳播放头即可查看变形的过程，如图 6-38 所示。

图 6-38　变形效果

二、控制变形

如果认为上面的变形效果还不太理想，则可使用 Flash 的变形提示点，它用以控制复杂的变形。变形提示点用字母表示，以便于确定在开始形状和结束形状中的对应点，每一次最多可以设定 26 个变形提示点。变形提示点的颜色在变形开始的关键帧中是黄色的，在结束形状的关键帧中是绿色的，如果不在曲线之上则是红色的。

下面接着上一小节的步骤(4)，继续进行以下的操作。

（1）确定已选中第 1 帧，选择"修改"→"形状"→"添加形状提示"命令，工作区中会出现变形提示点，接着将其移到适当的位置，如图 6-39 所示。再选择第 10 帧，然后将变形提示点移动到相应的位置，如图 6-40 所示。

图 6-39　第 1 帧提示点位置　　　　　　　图 6-40　第 10 帧提示点位置

（2）重复上述过程，增加其他的变形提示点，并分别设置它们在开始形状和结束形状时的位置，如图 6-41、图 6-42 所示。

图 6-41　其他提示点开始位置　　　　　　　图 6-42　其他提示点结束位置

（3）再次移动播放头，就可以看到加上提示点后的变形动画。

小贴士

在制作补间形状动画时获得最佳效果的准则

（1）使用变形提示的两个形状越简单效果越好。

（2）在复杂的变形中最好创建一个中间形状，而不是仅仅定义开始帧和结束帧。

（3）应确保变形提示点的排列顺序合乎逻辑，例如直线上的 3 个变形提示点在前后的图形上的顺序必须相同。

（4）最好将变形提示点沿同样的转动方向依次放置。

（5）要删除所有的变形提示点，选择"修改"→"形状"→"删除所有提示"命令即可。

（6）要删除某一个提示点，将要删除的提示点拖离舞台即可。

第五节　影片浏览器与影片播放器

一、影片浏览器

使用影片浏览器，可以轻松地组织和查看文档的内容，以及对文档中已有的元素进行修改。它包含当前全部元素的显示列表，该列表显示为一个导航分层结构树。它可以过滤文档中指定类别的项目，包括文本、图形、按钮、影片剪辑、动作和导入的文件等；可以将所选类别显示为场景或元件定义（或两者并存），并且可以展开或者折叠导航树。

（一）打开影片浏览器

"影片浏览器"面板是 Flash CS5 提供的一个功能强大的工具。它将一个 Flash 文件组织成一张树形关系图，在图中可以找到该文件中的每一个元素。使用影片浏览器，可以很方便地熟悉 Flash 文件中的每一个对象、每一帧之间的位置关系，以及对象与对象之间的组织关系；另外影片浏览器还包括各个对象的属性及其包含的 Action 等。对于大型的 Flash 程序，影片浏览器是一个相当方便的工具。

可以通过选择"窗口"→"影片浏览器"命令或者按 Alt＋F3 组合键，打开"影片浏览器"面板，如图 6-43 所示。

图 6-43 "影片浏览器"面板

（二）使用影片浏览器定位需要编辑的对象

在"影片浏览器"面板上有一排按钮，它们分别对应打开或关闭以下对象，从而决定在影片浏览器中是否显示它们。

- "显示文本"按钮 A ：用于显示文本。
- "显示按钮、影片剪辑和图形"按钮 ：用于显示按钮、影片剪辑和图形。
- "显示 ActionScript"按钮 ：用于显示 ActionScript。
- "显示视频、声音和位图"按钮 ：用于显示视频、声音和位图。
- "显示帧和图层"按钮 ：用于显示帧和图层。
- "自定义要显示的项目"按钮 ：单击后会弹出"影片浏览器设置"对话框，从中可以自定义要显示的项目。

在影片浏览器的 6 个按钮的下面有一个"查找"文本框，它的作用是在组织图中查找带有指定关键字的对象,有了它就可以快速地找到自己所需要的对象。

在影片浏览器的底部有一个状态栏,显示所选对象在该 Flash 文档中的路径。

(三)右键菜单中的各项功能

在影片浏览器的树型关系图中右击,会弹出一个快捷菜单,如图 6-44 所示。

- "转到位置"命令:可以直接转到所选对象所在的场景、层和帧。
- "转到元件定义"命令:跳到"影片浏览器"面板的"影片元素"区域中选定元件的元件定义。元件定义列出了与该元件关联的所有文件。
- "选择元件实例"命令:该命令只能作用于元件定义中显示的对象,作用是在工作区选中用户指定的对象。
- "在库中显示"命令:只能作用于元件定义里显示的对象,它的作用是在库里显示用户指定的对象。
- "重命名"命令:对所选对象重新命名。
- "在当前位置编辑"命令:是用户可以在舞台上编辑选定的元件。
- "在新窗口中编辑"命令:在新窗口中编辑元件。
- "显示影片元素"命令:显示文档中组织为场景的元素。

图 6-44 快速菜单

- "显示元件定义"命令:显示与某个元件关联的所有元素。
- "复制所有文本到剪贴板"命令:可以将选定的文本复制到剪贴板上。要进行拼写检查或其他的编辑操作,需将文本粘贴到外部文本编辑器中。
- "剪切"、"复制"、"粘贴"和"清除"命令:这些是很常用的 Windows 命令,可以对选定元素应用这些常用功能。
- "展开分支"命令:用于打开所选对象的分支。如果该对象的分支有好几层,比如选中一个包含许多对象的场景,如果一个一个地去单击加号会很费时,而使用这个命令打开它所有的分支就会显得很方便。
- "折叠分支"命令:这个命令与"展开分支"命令相反,它将把所有打开的分支折叠起来。
- "折叠其他分支"命令:用于折叠所有没有选中的分支。
- "打印"命令:打印影片浏览器中显示的分层显示列表。

二、影片播放器

在网页中浏览 SWF 动画需要安装插件。如果想将作品用电子邮件发送出去,但又怕对方因没有安装插件而无法欣赏,可以启动 Flash 影片播放器,将作品打包成可独立运行的 .exe 文件。它不需要附带任何程序,就可以在 Windows 系统中播放,并且和 .swf 动画的效果完全相同。

把动画打包成可执行文件的具体步骤如下。

(1)在安装 Flash CS5 程序的文件夹中找到子目录 Players,双击其中的 FlashPlayer.exe 文件,如图 6-45 所示。

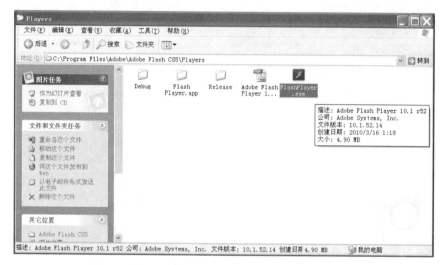

图 6-45 选择文件

(2)此时即可启动 Flash 影片播放器,如图 6-46 所示。

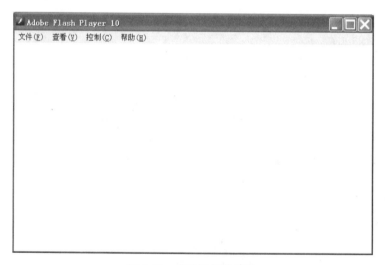

图 6-46 启动影片播放器

(3)在影片播放器中选择“文件”→“打开”命令,如图 6-47 所示。

(4)弹出“打开”对话框,在“位置”文本框中可以直接输入要打开的本地文件地址,这里单击“浏览”按钮,如图 6-48 所示。

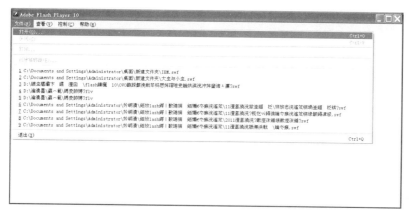

图 6-47 选择打开文件命令

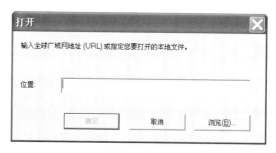

图 6-48 浏览打开文件

（5）弹出"打开"对话框,选择已做好的 SWF 动画文件,然后单击"打开"按钮,此处以IBM.swf 为例,如图 6-49 所示。

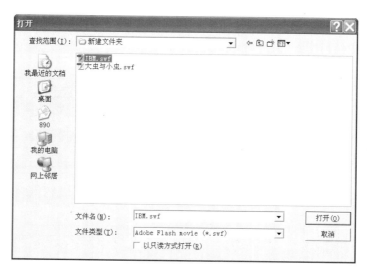

图 6-49 选择打开文件

（6）返回"打开"对话框,单击"确定"按钮,如图 6-50 所示。

（7）打开之后再选择"文件"→"创建播放器"命令,如图 6-51 所示。

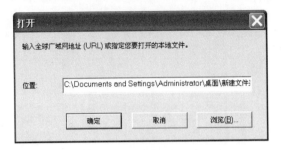

图 6-50 确认打开文件

图 6-51 创建文件播放器

(8) 弹出"另存为"对话框,选择好保存的路径并给文件取名,然后单击"保存"按钮,如图 6-52 所示。

图 6-52 保存文件

（9）此时就会自动生成.exe 文件，如图 6-53 所示。

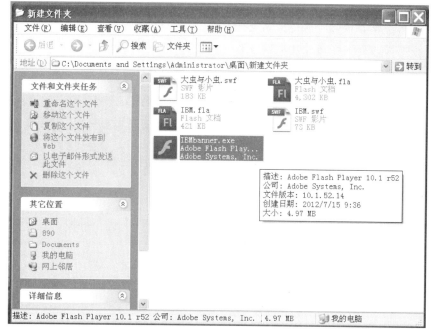

图 6-53　生成.exe 文件

（10）由于打包文件中已经加入了 Flash 影片播放器，所以当双击这个.exe 文件时，系统就会打开 Flash 影片播放器，并在其中播放动画，如图 6-54 所示。

图 6-54　播放 IBM.exe 动画文件

【思考练习】

1. 补间动画和传统补间的区别是什么？
2. 影片播放器的作用是什么？

【实训课堂】

自己绘制或选择图形，分别制作一个逐帧动画、补间动画、传统补间动画和补间形状动画，并用影片播放器生成.exe文件。

第7章

复杂动画制作

💡【学习要点及目标】

1. 理解图层概念,掌握相关设置;
2. 掌握引导层动画、遮罩层动画、滤镜特效动画的概念与操作;
3. 掌握绘图纸工具与整个动画的移动,掌握动画场景的应用。

🔖【本章导读】

在 Flash 文件中,可以添加更多的图层,以便在文档中组织插图、动画和其他的元素,丰富动画效果。使用特殊的引导层可以使绘画和编辑变得更加简单,而使用遮罩层则可创建更加复杂的动画效果。利用滤镜特效(如模糊、投影等),可以很容易地将对象制作为动画:只需要选择对象,然后选择一种特效并指定参数即可。掌握绘图纸工具与整个动画的移动以及动画场景的应用都为复杂动画的制作提供了捷径。

第一节　图层及设置

一、图层简介

(一)图层概念

图层就像透明的纤维纸一样,在舞台上一层层地向上叠加。图层用以帮助用户组织文档中的插图,用户可以在图层上绘制和编样对象,而不会影响其他图层上的对象。如果一个图层上没有内容,那么就可以透过它看到下面的图层。在不同的图层上可以编辑不同的元素,如图 7-1 所示。

(二)图层的用途

Flash 中的图层和 Photoshop 中的图层有共同的作用:方便对象的编辑。

(1)当创建了一个新的 Flash 文件之后,它仅包含一个图层。可以添加更多的图层,以便在文档中组织插图、动画和其他的元素。可以隐藏、锁定或者重新排列图层。要绘制、上色,或者对图层、文件夹进行修改,需要在时间轴中选择该图层以激活它。时间轴中

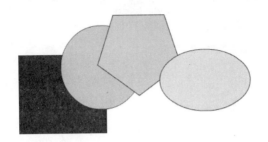

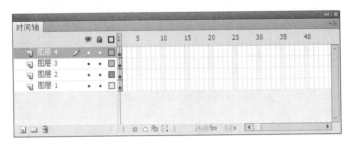

图 7-1　编辑图层

图层或文件夹名称旁边的铅笔图标,表示该图层或文件夹处于活动状态。一次只能有一个图层处于活动状态(尽管一次可以选择多个图层)。

(2) 可以创建的图层数只受计算机内存的限制,而且图层不会增加发布的 SWF 文件的大小,只有放入图层的对象才会增加文件的大小。

(3) 还可以通过创建图层文件夹,然后将图层放入其中来组织和管理这些图层。可以在时间轴中展开或折叠图层文件夹,而不会影响在舞台中看到的内容。对声音文件、帧标签和帧注释等分别使用不同的图层或文件夹是一个很好的主意,这样有助于在需要编辑这些项目时快速地找到它们。

二、图层的操作

(一) 添加图层

新创建的影片中只有一个图层。根据需要可以增加多个图层,然后利用图层组织和布局影片的文字、图像、声音和动画等,使它们处于不同的图层中。进行以下的任何一种操作即可添加图层:

(1) 单击时间轴左下方的"新建图层"按钮 ;

(2) 选择"插入"→"时间轴"→"图层"命令;

(3) 右击时间轴的图层编辑区,然后在弹出的快捷菜单中选择"插入图层"命令,如图 7-2 所示。

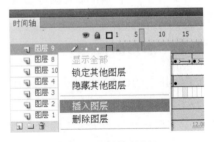

图 7-2　右键菜单插入

![小贴士]

图层重命名

系统默认的插入图层的名称是"图层1"、"图层2"、"图层3"等。要重新命名图层,只需双击需要重新命名图层的名称,然后在被选中图层的名称字段中输入新的名称即可。

（二）选取图层

用鼠标在时间轴上选择一个图层,就能将该图层激活,图层名称旁边出现一个铅笔图标![铅笔]时,表示该图层是当前的工作层。每次只能将一个图层设置为工作层。当一个图层被选中时,位于该图层中的对象也将全部被选中,如图7-3所示。

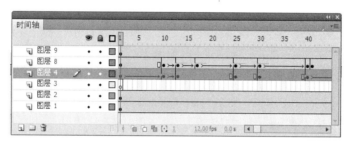

图 7-3　选取单个图层

选取图层包括选取单个图层、选取相邻图层和选取不相邻图层3种情况。

1. 选取单个图层

选取单个图层的方法有以下3种:

（1）在"图层"面板中单击需要编辑的图层;

（2）单击时间轴中需要编辑的图层中的任意一帧;

（3）在场景中选取要编辑的对象,也可以选中图层。

![小贴士]

选择多个图层

按住Shift键,分别单击时间轴上图层的名称,就能连续地选取多个图层。可以将任何可视的和未被锁定的图层设置为当前层,然后进行对象的编辑。

2. 选取相邻图层

选取相邻图层的具体步骤如下。

（1）单击要选取的第1个图层。

（2）按住Shift键,然后单击要选取的最后一个图层,即可选取两个图层之间的所有图层,如图7-4所示。

3. 选取不相邻图层

选取不相邻图层的具体步骤如下。

（1）单击要选取的第1个图层。

（2）按住Ctrl键,然后单击需要选取的其他图层,即可选取不相邻图层,如图7-5所示。

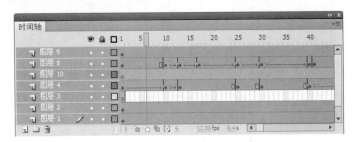

图 7-4　选取相邻图层

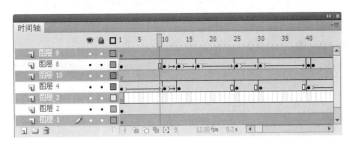

图 7-5　选取不相邻图层

以上一些选取方法对图层文件夹同样适用,不同的是一旦选择了某个文件夹,也就选中了文件夹中的所有图层。使用图层文件夹可以将时间轴中的图层组织到可折叠的图层文件夹 中,可以展开和折叠位于文件夹中的图层。

(三) 移动图层

在图层编辑区中将指针移到图层名上,然后按住鼠标左键拖曳图层,这时会产生一条线,当线到达预定位置后放开鼠标即可移动图层,如图 7-6 所示。

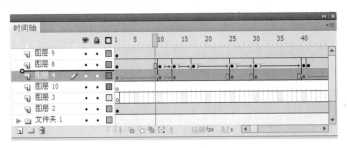

图 7-6　移动图层

(四) 复制图层

可以将图层中的所有对象或部分帧复制下来,然后粘贴到场景或图层中。具体的操作步骤如下。

(1) 单击图层名称,选取整个图层,或者选取需要复制的部分帧。

(2) 选择"编辑"→"时间轴"→"复制帧"命令;或者在需要复制的帧上右击,然后在弹出的快捷菜单中选择"复制帧"命令。

（3）单击新图层，或者选取需要粘贴的图层。选择"编辑"→"时间轴"→"粘贴帧"命令；或者在需要复制的帧上右击，然后在弹出的快捷菜单中选择"粘贴帧"命令即可。

（五）删除图层

选取要删除的图层，进行以下任意一项操作：

（1）单击时间轴上的"删除"按钮；

（2）将要删除的图层拖曳到"删除"按钮上；

（3）右击时间轴上的图层编辑区，然后从弹出的快捷菜单中选择"删除图层"命令。

三、改变图层的状态

在图层编辑区中有代表图层状态的 3 个图标：单击 👁 图标可以隐藏或者显示图层，以保持工作区域的整洁，如图 7-7 所示。

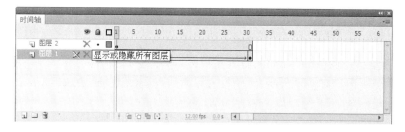

图 7-7 显示或隐藏图层

单击 🔒 图标可以将某个图层锁定或者解除锁定，以防止被意外修改，如图 7-8 所示。

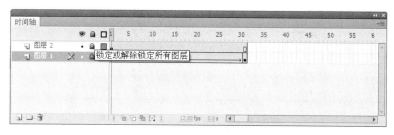

图 7-8 锁定或解锁图层

单击 ❑ 图标也可以在任何一个图层上查看对象的轮廓线，如图 7-9 所示。

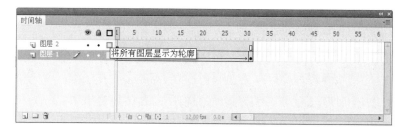

图 7-9 查看对象轮廓线

图层的显示、锁定及线框模式颜色等设置，还可以在"图层属性"对话框中进行编辑。双击"图层"图标 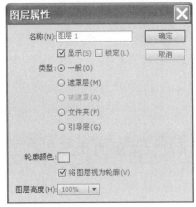，即可弹出"图层属性"对话框，如图 7-10 所示。该对话框中各个选项的功能介绍如下。

- 名称：用于设置图层的名称。
- 显示：用于设置图层的显示与隐藏。选中"显示"复选框，图层处于显示状态；反之图层处于隐藏状态。
- 锁定：用于设置图层的锁定与解锁。选中"锁定"复选框，图层处于锁定状态；反之图层处于解锁状态。
- 类型：指定图层的类型，包括 5 个单选按钮。
- 轮廓颜色：用于设定图层对象的边框线颜色。为不同的图层设定不同的边框线颜色，有助于区分不同的图层。

图 7-10 "图层属性"对话框

- 将图层视为轮廓：选中该复选框，即可使该图层内的对象以线框模式显示，其线框颜色为在"属性"面板中设置的轮廓颜色。若要取消图层的线框模式，可以直接单击时间轴上的"将所有图层显示为轮廓"按钮 ▢；如果只需要让某个图层以轮廓方式显示，可以单击图层上相对应的色块。
- 图层高度：从下拉列表中选取不同的值，可以调整图层的高度，有 100%、200%、300% 共 3 种高度，这在处理插入了声音的图层时很实用。将"图层 2"的高度设置为 300% 后的效果如图 7-11 所示。

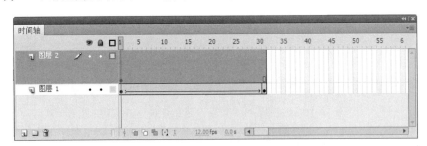

图 7-11 高度设为 300% 的图层效果

四、用图层文件夹管理图层

应用图层文件夹，可以将图层放在一个树型结构中，这样有助于管理工作流程。可以扩展或折叠文件夹，来查看该文件夹中包含的图层，而不会影响在舞台中哪些图层可见。在文件夹中可以包含图层，也可以包含其他的文件夹，这使得组织图层的方式很像是在计算机中组织文件的方式。

单击▢图标,可以在时间轴中新建文件夹,这时可以将时间轴中的图层组织拖曳到可折叠的图层文件夹 ▼▢ 中,图层文件夹内的图层图标以缩进的形式排放在图层文件夹图标之下。可以展开和折叠位于文件夹中的图层进行查看,如图 7-12 所示。

图 7-12　查看文件夹图层

可以向图层文件夹中添加、删除图层或图层文件夹,还可以进行移动图层或图层文件夹的操作。它们的操作方法与图层的操作方法基本相同。

小贴士

删除图层文件夹

删除图层文件夹也会删除其中的图层和图层文件夹。如果时间轴上只有一个图层文件夹,删除后则会保留图层文件夹中最下面的一个图层。

五、使用"分散到图层"命令自动分配图层

Flash 允许设计人员选择多个对象,然后应用"修改"→"时间轴"→"分散到图层"命令,自动地为每个对象创建并命名新图层,并且将这些对象移动到对应的图层中。Flash 甚至可以为这些图层提供恰当的命名。如果对象是元件或位图图像,新图层将按照对象的名称命名。

将一组分离的文字分布到各个图层中的具体步骤如下。

(1) 选择"文件"→"新建"命令,弹出"新建文档"对话框,选择 ActionScript 选项,然后将其另存为(选择"文件"→"另存为"命令)layer.fla 文档。此时的时间轴上只有一个图层和一个帧。

(2) 选择"工具"面板中的"文本工具" T ,然后单击舞台上的合适位置。

(3) 在出现的文本框中插入文本"用分散到图层自动分配图层"(文字的字体、颜色和大小随意),如图 7-13 所示。

(4) 选择"工具"面板中的"选择工具" ,选中新建的文本对象,然后按 Ctrl+B 组合键,将文本分离成一组单字符文本对象,此时这一组文本对象都处于被选中的状态,如图 7-14 所示。

(5) 选择"修改"→"时间轴"→"分散到图层"命令,如图 7-15 所示。

用分散到图层自动分配图层

图 7-13　插入文本

用分散到图层自动分配图层

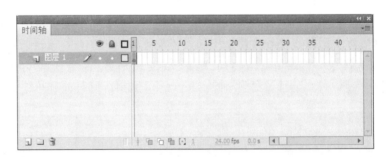

图 7-14　分离文本

（6）舞台上的文本对象就会按照排列的顺序分布到各自的图层中，各个图层会以它们包含的字符命名，如图 7-16 所示。

修改(M)	文本(T)	命令(C)	控制(O)	调试(D)	窗口(W)	帮助(H)	

文档(D)...	Ctrl+J	
转换为元件(C)...	F8	
分离(K)	Ctrl+B	
位图(B)	▶
元件(S)	▶
形状(P)	▶
合并对象(O)	▶
时间轴(M)	▶
变形(T)	▶
排列(A)	▶
对齐(N)	▶
组合(G)	Ctrl+G
取消组合(U)	Ctrl+Shift+G

分散到图层(D)	Ctrl+Shift+D
图层属性(L)...	
翻转帧(K)	
同步元件(S)	
转换为关键帧(K)	F6
清除关键帧(A)	Shift+F6
转换为空白关键帧(B)	F7
拆分动画	
合并动画	

图 7-15　选择菜单命令

图 7-16　分散到图层效果

第二节　引导层动画

一、创建引导层

运动引导层能给绘画提供帮助，引导层起到辅助静态对象定位的作用，无须使用被引导层，可以单独使用，层上的内容不会被输出，和辅助线功能类似。

如果需要选定引导层，只需要在绘制辅助图案的图层上右击，然后从弹出的快捷菜单中选择"引导层"命令即可，如图 7-17 所示。引导层名称的前面会出现一个图标 <，如图 7-18 所示。

如果需要将运动引导层恢复为普通层，可以在运动引导层上右击，然后从弹出的快捷菜单中选择"引导层"命令即可。

图 7-17 选定引导层

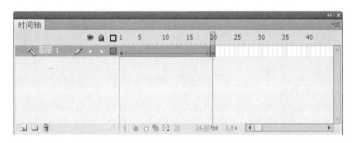

图 7-18 创建引导层

运动引导层就是为了绘制被引导层的运动路径,若想添加传统运动引导层,只需要在绘制辅助图案的图层上右击,然后从弹出的快捷菜单中选择"添加传统运动引导层"命令即可,如图 7-19 所示。运动引导层名称的前面会出现一个图标 ,如图 7-20 所示。

图 7-19 添加传统运动引导层

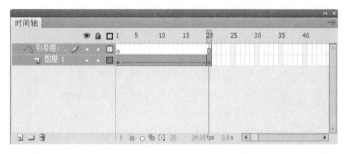

图 7-20 传统运动引导层效果

二、运动引导层动画的制作

运动引导动画是使用运动引导层来实现的，主要是制作沿轨迹运动的动画效果。

（1）在第 1 帧绘制一个橘色的圆，如图 7-21 所示。

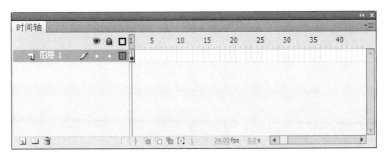

图 7-21　绘制圆

（2）选中第 20 帧，按 F6 键插入关键帧，然后单击"新建图层"按钮 ，选中新建的图层右击，在弹出的快捷菜单中选择"添加传统运动引导层"命令。在运动引导层上用铅笔工具绘制一条光滑的轨迹线，如图 7-22 所示。

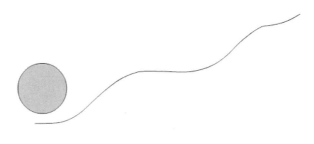

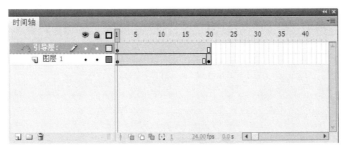

图 7-22　绘制轨迹线

（3）单击"紧贴至对象"按钮，选中第 1 帧，在舞台上将橘色的圆向轨迹线顶端拖曳，这时橘色的圆是透明的，中心出现的空心圆会自动地控制吸附在轨迹线顶端。然后松开鼠标，橘色的圆就会停在轨迹线的顶端，这就是运动的起点，如图 7-23 所示。选中第 20帧，接着使用同样的方法将橘色的圆拖曳到轨迹线的底端，作为运动的终点，如图 7-24所示。

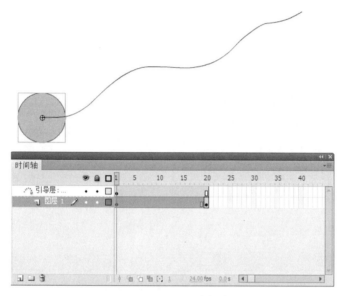

图 7-23　设置运动起点

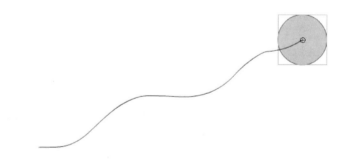

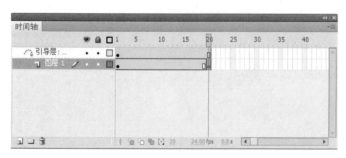

图 7-24　设置运动终点

（4）选中图层1的时间轴右击，在弹出的快捷菜单中选择"创建传统补间"命令，按Ctrl＋Enter组合建即可看到运动引导层动画效果，如图7-25所示。

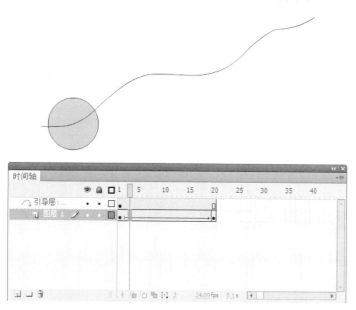

图 7-25 运动引导层动画效果

第三节 遮罩层动画

一、遮罩层基本操作

为了得到特殊的显示效果，可以用遮罩创建一个任意形状的"视窗"，遮罩图层下方图层上的图像可以通过这个"视窗"显示出来，而"视窗"之外的图像则不会显示，这个"视窗"就是遮罩图层。

与填充或笔触不同，遮罩项目像是一个窗口，透过它可以看到位于它下面的链接层区域。除了透过遮罩项目显示的内容之外，其余的所有内容都会被遮罩图层的其余部分隐藏起来。一个遮罩图层只能包含一个遮罩项目。按钮内部不能有遮罩图层，也不能将一个遮罩应用于另一个遮罩。

在 Flash 中使用遮罩层，可以制作出特殊的动画效果，例如聚光灯效果。如果将遮罩层比作聚光灯，当遮罩层移动时，它下面被遮罩的对象就会像被灯光扫过一样，被灯光扫过的地方清晰可见，没有被扫过的地方则不可见。另外，一个遮罩层可以同时遮罩几个图层，从而产生各种特殊的效果。

（一）创建遮罩层

要创建遮罩图层，可以将遮罩项目放在要用做遮罩的层上。选中上一个图层即图层

1 右击,在弹出的快捷菜单中选择"遮罩层"命令,如图 7-26 所示。时间轴即变化成遮罩层显示模式,如图 7-27 所示。

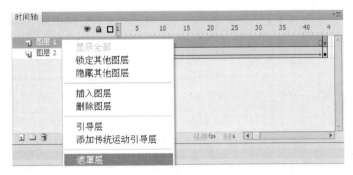

图 7-26　创建遮罩层

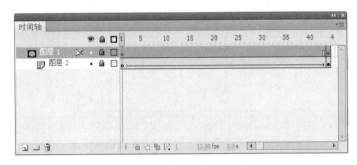

图 7-27　遮罩层显示模式

(二)编辑遮罩层

要对遮罩图层和被遮罩图层进行编辑,单击图层上的"解锁"按钮 🔒 即可。开锁后会关闭遮罩图层的显示。要再次显示遮罩效果,可以把遮罩图层和被遮罩图层再次锁定。

(三)取消遮罩层

选取要处理的图层,然后进行以下任意一项操作。

(1)右击遮罩图层,然后在弹出的快捷菜单中选择"遮罩层"命令。

(2)右击遮罩图层,在弹出的快捷菜单中选择"属性"命令(或选择"修改"→"时间轴"→"图层属性"命令),弹出"图层属性"对话框,然后在"类型"选项区域选中"一般"单选按钮,如图 7-28 所示。

二、遮罩层动画的制作

遮罩图层中可以包含形状、实例或字体对象。

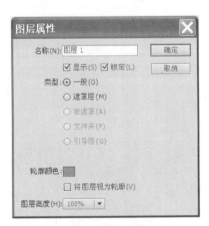

图 7-28　设置图层属性

以下是一个遮罩层动画制作的例子。

（1）建立一个新文件，然后在"图层 1"中建立一个文本对象，并在时间轴的第 40 帧处插入关键帧，如图 7-29 所示。

图 7-29　插入关键帧

（2）单击"添加图层"按钮，在"图层 1"的下面创建一个新图层"图层 2"。选中"图层 2"，然后使用绘图工具在舞台中绘制一个球，根据自己的喜好设置其填充效果，如图 7-30 所示。

图 7-30　设置填充效果

（3）在"图层2"的第40帧插入关键帧，然后将绘制的球移到第40帧，如图7-31所示。

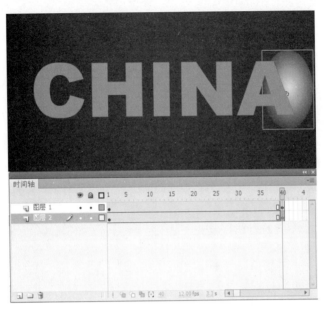

图7-31　移动球

（4）添加动画效果。在"图层2"的第1帧和第40帧中右击，在弹出的快捷菜单中选择"创建传统补间"命令，如图7-32所示。

图7-32　添加动画效果

（5）右击"图层1"，在弹出的快捷菜单中选择"遮罩层"命令，这时遮罩图层和被遮罩图层将自动锁定,并且遮罩层之外的图像都不再显示,如图7-33所示。

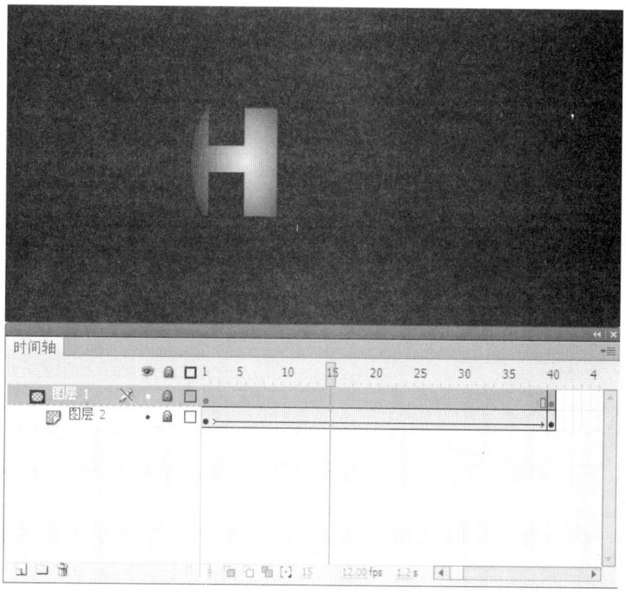

图7-33 创建遮罩层

(6)遮罩层动画设置完毕,按Ctrl+Enter组合键观看动画效果。

第四节 滤镜特效动画

一、滤镜特效

使用滤镜,可以为文本、按钮和影片剪辑等增添有趣的视觉效果。其中投影、模糊、发光和斜角等滤镜经常应用于图形元素。使用"滤镜"面板,可以对选定的对象应用一个或多个滤镜。对象每添加一个新的滤镜,在"属性"检查器中就会将其添加到该对象所应用的滤镜列表中。在Flash CS5中,可以对一个对象应用多个滤镜,也可以删除以前应用的滤镜。

🅺小贴士

如何使用 Flash 滤镜

Flash滤镜可以应用到文本、按钮和影片剪辑中,可用滤镜有斜角、投影、发光、模糊、渐变发光、渐变模糊和调整颜色等。可以直接从"属性"检查器中对所选择的对象应用滤镜。

(一)投影滤镜效果

应用"投影"滤镜,可以模拟对象产生一个表面投影的效果,或者在背景中剪出一个形似对象的洞来模拟对象的外观。

（1）新建一个 Flash 空白文档，然后在文档中输入文本，并在"属性"面板中设置文本，如图 7-34 所示。

图 7-34　创建文本

（2）选择"属性"面板中的"滤镜"选项，在打开的"滤镜"面板中单击"添加滤镜"按钮，在弹出的快捷菜单中选择"投影"命令，如图 7-35 所示。

图 7-35　添加投影滤镜

（3）选择"投影"命令后，在"滤镜"面板中将显示设置投影的参数值。设置"模糊 X"为 10 像素，"模糊 Y"为 10 像素，"强度"为 120％，"距离"为 9 像素，选中"挖空"复选框，如图 7-36 所示。

图 7-36　设置投影参数

（4）此时就为文本添加了投影的效果，如图 7-37 所示。

图 7-37　文本投影效果

小贴士

如何使用"投影"滤镜中的"隐藏对象"选项

使用"投影"滤镜中的"隐藏对象"选项，可以通过倾斜对象的阴影来创建更逼真的外观。要想达到此效果，需要创建影片剪辑、按钮或文本对象的副本，然后对副本应用投影，再使用任意变形工具倾斜对象副本的阴影即可。

（二）模糊滤镜效果

应用"模糊"滤镜，可以柔化对象的边缘和细节。将模糊应用于对象，可以让它看起来好像位于其他对象的后面，或者使对象看起来好像是运动的。

（1）新建一个 Flash 空白文档，然后选择"文件"→"导入"→"导入到舞台"命令，在弹出的"导入"对话框中选择文件（以 chatu.jpg 为例），如图 7-38 所示。

（2）单击"打开"按钮，即可将图片导入到舞台中，调整图片大小及位置，如图 7-39 所示。

（3）在图像上右击，在弹出的快捷菜单中选择"转换为元件"命令，弹出"转换为元件"对话框，在"名称"文本框中可以输入元件的名称，这里使用默认名称，如图 7-40 所示。

图 7-38　导入文件

图 7-39　调整图片

转换为元件

名称(N): 元件 1　　　　　　　　　　　确定

类型(T): 影片剪辑 ▼　对齐: ▢▢▢　　取消

文件夹: 库根目录

高级 ▶

图 7-40　转换为元件设置

（4）单击"确定"按钮，即可将图像转换为元件，同时在"库"面板中显示出来，如图7-41所示。

图7-41 图像转换为元件

（5）在"属性"面板中选择"滤镜"选项，在打开的"滤镜"面板中单击"添加滤镜"按钮，在弹出的快捷菜单中选择"模糊"命令，如图7-42所示。

图7-42 添加模糊滤镜

（6）选择"模糊"命令后，在"滤镜"面板中将显示设置模糊的参数值。设置"模糊X"为11像素，"模糊Y"为11像素，如图7-43所示。

图7-43 设置模糊参数

（7）此时就为图形添加了模糊的效果，如图 7-44 所示。

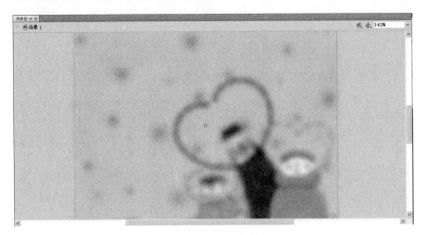

图 7-44　图形模糊效果

（三）发光滤镜效果

应用"发光"滤镜，可以为对象的整个边缘应用颜色。

（1）新建一个 Flash 空白文档，然后选择"文件"→"导入"→"导入到舞台"命令，在弹出的"导入"对话框中选择文件（以 faguang.psd 为例），如图 7-45 所示。

图 7-45　导入文件

（2）单击"打开"按钮，弹出"将'faguang.psd'导入到舞台"对话框，如图 7-46 所示。

（3）单击"确定"按钮，即可将图像导入到舞台。然后调整图像的位置和大小，如图 7-47 所示。

（4）在人物图像上右击，在弹出的快捷菜单中选择"转换为元件"命令，弹出"转换为元件"对话框，如图 7-48 所示。

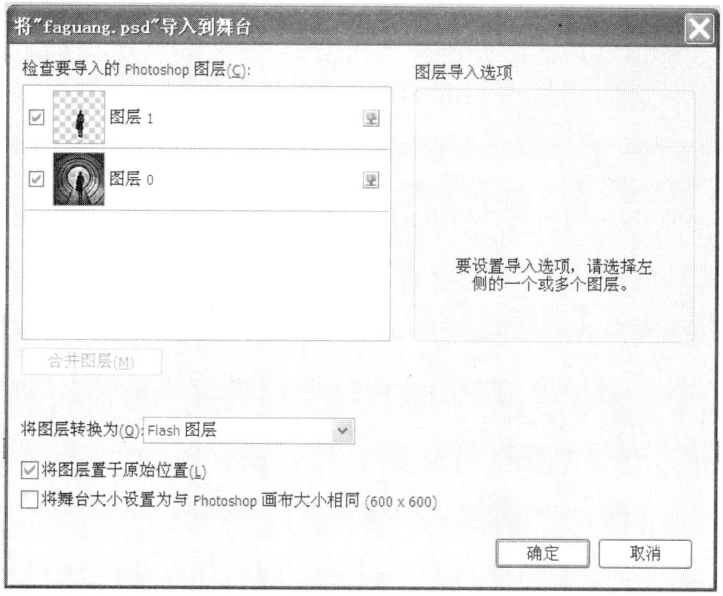

将"faguang.psd"导入到舞台

检查要导入的 Photoshop 图层(C):

☑ 图层 1

☑ 图层 0

图层导入选项

要设置导入选项，请选择左
侧的一个或多个图层。

合并图层(M)

将图层转换为(Q): Flash 图层

☑ 将图层置于原始位置(L)

☐ 将舞台大小设置为与 Photoshop 画布大小相同 (600 x 600)

确定　　取消

图 7-46 "将'faguang.psd'导入到舞台"对话框

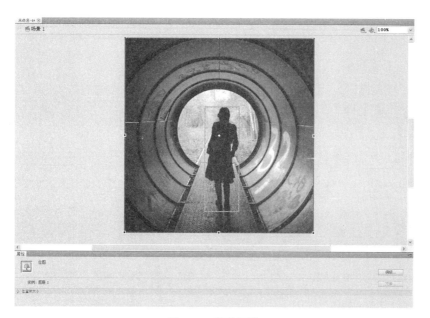

图 7-47 调整图像

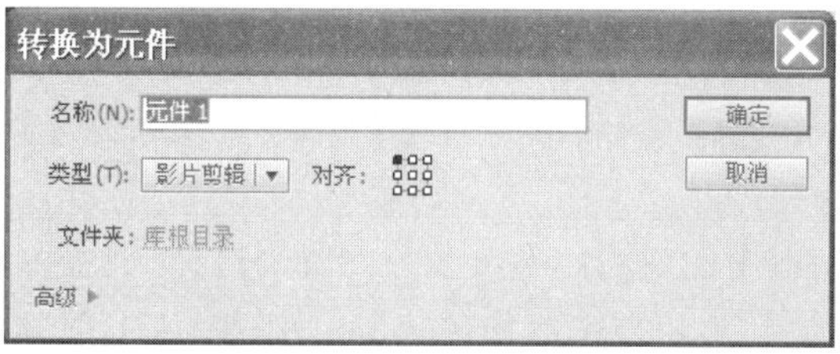

转换为元件

名称(N): 元件 1　　　　　　　　　　　确定

类型(T): 影片剪辑 ▼　对齐: ▦　　　　取消

文件夹: 库根目录

高级 ▶

图 7-48 "转换为元件"对话框

（5）单击"确定"按钮，即可将图像转换为元件。然后在"属性"面板中选择"滤镜"选项，在打开的"滤镜"面板中单击"添加滤镜"按钮，在弹出的快捷菜单中选择"发光"命令，如图 7-49 所示。

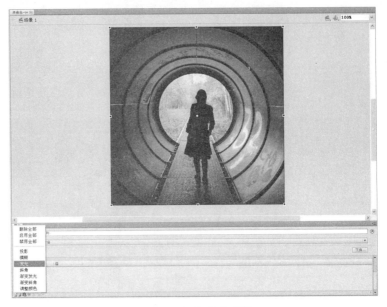

图 7-49　添加发光滤镜

（6）选择"发光"命令后，在"滤镜"面板中将显示设置发光的参数值。设置"模糊 X"为 160 像素，"模糊 Y"为 160 像素，"强度"为 250％，"颜色"为白色（♯FFFFFF），如图 7-50 所示。

图 7-50　设置发光参数

（7）此时就为图形添加了发光的效果，如图 7-51 所示。

（四）斜角滤镜效果

应用"斜角"滤镜，就是向对象应用加亮效果，使其看起来凸出于背景表面。可以创建内斜角、外斜角或者完全斜角等几种不同的效果。

（1）新建一个 Flash 空白文档，然后在文档中输入文本，并在"属性"面板中设置文本，如图 7-52 所示。

（2）选择"属性"面板中的"滤镜"选项，在打开的"滤镜"面板中单击"添加滤镜"按钮，在弹出的快捷菜单中选择"斜角"命令，如图 7-53 所示。

图 7-51 图形发光效果

图 7-52 创建文本

图 7-53 添加斜角滤镜

（3）选择"斜角"命令后，在"滤镜"面板中将显示设置斜角的参数值。设置"模糊 X"为 5 像素，"模糊 Y"为 5 像素，"强度"为 290％，"阴影"的颜色为灰色（♯999999），"加亮显示"的颜色为黄色（♯FFFF00），"角度"为 30°，"距离"为 5 像素，如图 7-54 所示。

图 7-54　设置斜角参数

（4）此时就为图形添加了斜角的效果，如图 7-55 所示。

图 7-55　图形斜角效果

（五）渐变发光滤镜效果

应用"渐变发光"滤镜，可以在发光表面产生带渐变颜色的发光效果。渐变发光要求选择一种颜色作为渐变开始的颜色，该颜色的 Alpha 值为 0。用户无法移动此颜色的位置，但是可以改变此颜色。如图 7-56、图 7-57 所示为蓝色（♯0099FF）到黄色（♯FFFF00）"渐变发光"滤镜的应用效果。

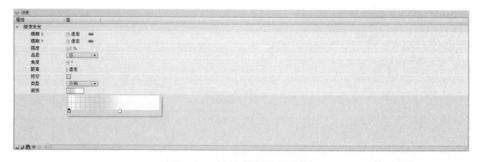

图 7-56　设置渐变发光参数

图 7-57 图形渐变发光效果

（六）渐变斜角滤镜效果

应用"渐变斜角"滤镜，可以产生一种凸起效果，使得对象看起来好像是从背景凸起，且斜角表面有渐变颜色。渐变斜角要求渐变的中间有一个颜色，颜色的 Alpha 值为 0。用户无法移动此颜色的位置，但是可以改变此颜色。如图 7-58、图 7-59 所示为白色（♯FFFFFF）到黑色（♯000000）"渐变斜角"滤镜的应用效果，中间色值为♯D6D6D6。

图 7-58 设置渐变斜角参数

图 7-59 图形渐变斜角效果

（七）调整颜色滤镜效果

应用"调整颜色"滤镜，可以调整所选影片剪辑、按钮或者文本对象的亮度、对比度、色相和饱和度等，如图 7-60 所示。

图 7-61 所示为应用了"调整颜色"滤镜的效果。

图 7-60 设置调整颜色参数

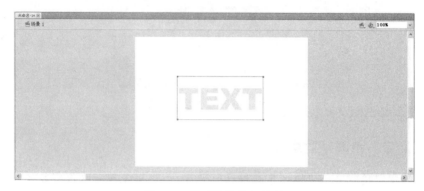

图 7-61 图形调整颜色效果

二、滤镜动画

Flash 所独有的一个功能是可以使用补间动画让应用的滤镜活动起来。例如要创建一个具有投影的球（即球体），就可以在时间轴中将投影位置从起始帧移到终止帧，以模拟光源从对象的一侧移到另一侧的效果。

（1）在时间轴第 1 个关键帧绘制一个渐变球体，选中球体右击，在弹出的快捷菜单中选择"转换为元件"命令，弹出"转换为元件"对话框，单击"确定"按钮，即可将图像转换为元件。然后在"属性"面板中选择"滤镜"选项，在打开的"滤镜"面板中单击"添加滤镜"按钮，在弹出的快捷菜单中选择"投影"命令。设置相关数值，其中"角度"为 94°，如图 7-62所示，效果如图 7-63 所示。

图 7-62 设置投影参数

（2）选择带投影效果的渐变球体，移动到时间轴第 15 帧，右击选择"插入关键帧"命令，对"投影"滤镜设置相关数值，其中"角度"更改为 9°，如图 7-64 所示，效果如图 7-65 所示。

（3）选择第一个关键帧，右击，选择"创建传统补间"命令，拖动时间轴，即可看到渐变球体的投影位置移动的效果，如图 7-66 所示。

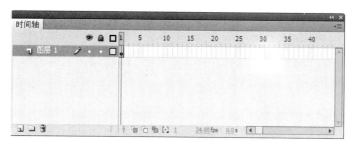

图 7-63 投影效果

图 7-64 设置投影参数

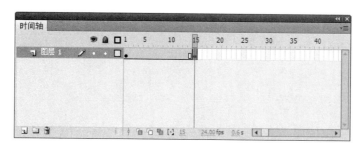

图 7-65 投影效果

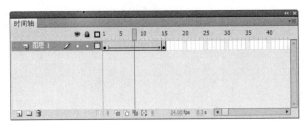

图 7-66　投影移动效果

第五节　绘图纸工具与整个动画的移动

一、绘图纸工具的使用

通常情况下,只能在舞台上看到动画序列中某一帧的画面。为了更好地定位和编辑连续帧动画,可以启动绘图纸功能,这样就能一次看到多个帧的画面,如图 7-67、图 7-68 所示。其中播放头所指帧中的画面显示为全彩色,为可编辑画面,而周围帧中的画面却是

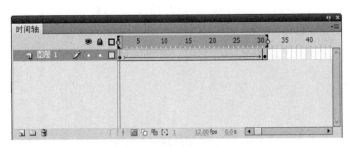

图 7-67　开始帧绘图纸显示效果

灰暗的,就如同每一帧都是用半透明的绘图纸绘制的,所有的绘图纸一张一张地相互叠放在一起,其中显示为灰暗色图像的帧是不能编辑的。

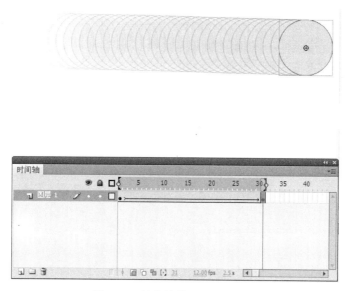

图 7-68　结束帧绘图纸显示效果

使用绘图纸的方法如下。

(1) 选中动画图层。单击"时间轴"面板中的"绘图纸外观"按钮 ⬚,这样所有位于开始 ⦚ 和结束 ⦚ "绘图纸"标志(位于时间轴上方)之间的帧都将显示在影片窗口中。

(2) 要将"绘图纸"帧显示为轮廓线,可以单击"绘图纸外观轮廓"按钮 ⬚,效果如图 7-69 所示。

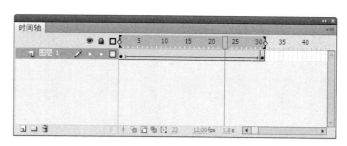

图 7-69　绘图纸外观轮廓效果

（3）一般而言，"绘图纸"只允许编辑当前帧。要想使"绘图纸"标志之间的所有帧都可编辑，而不管它们是否为当前帧，则可单击"时间轴"面板中的"编辑多个帧"按钮 ▦。

❓小贴士

场景使用注意的问题

被锁定图层不能显示"绘图纸"效果。为了避免图像众多而造成混乱，可以锁定或隐藏那些不想被"绘图纸"显示的图层。

（4）单击"时间轴"面板中的"修改绘图纸标记"按钮 ⟦·⟧，即可弹出下拉菜单，如图 7-70 所示。

图 7-70　绘图纸标记菜单

- "始终显示标记"：不论"绘图纸"是否开启都显示其标志。当"绘图纸"未开启时，虽然显示其范围标志，但画面不会显示"绘图纸"效果。
- "锚记绘图纸"：将"绘图纸"标志锚记在当前的位置上。正常情况下，"绘图纸"的范围跟随指针移动。将"绘图纸"标志锚记后，其位置及范围将不再改变。
- "绘图纸 2"：显示当前帧两边各 2 帧的内容。
- "绘图纸 5"：显示当前帧两边各 5 帧的内容。
- "所有绘图纸"：显示当前帧两边所有帧的内容。

（5）要想更方便地改变"绘图纸"的范围，可以拖曳"绘图纸"两端的标志调整到新的位置。

二、移动整个动画

如果要在舞台中移动整个动画，必须一次移动所有帧和图层中的图形，才能避免重新对齐所有的对象。将整个动画移动到舞台中的另一个位置的具体步骤如下。

（1）解除锁定所有的图层。要移动一个或多个图层中的所有内容，而不移动其他图层上的任何内容，应锁定或隐藏不想移动的所有图层。

（2）单击"时间轴"面板中的"编辑多个帧"按钮 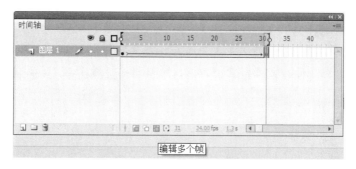，如图7-71所示。

图7-71 "编辑多个帧"按钮

（3）拖曳"绘图纸外观"标记，使它们包含要选择的所有帧；或者单击"修改绘图纸标记"按钮 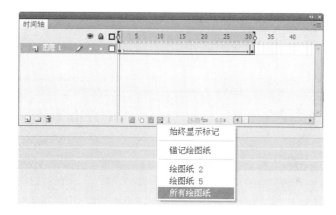，然后从弹出的下拉菜单中选择"所有绘图纸"命令，如图7-72所示。

图7-72 选择菜单命令

（4）选择"编辑"→"全选"命令。

（5）将整个动画拖曳到舞台中的新位置。

第六节 场景应用

使用场景类似于使用几个SWF文件创建一个较大的演示文稿。每个场景都有一个时间轴，当播放头到达一个场景的最后一帧时，播放头将前进到下一个场景。发布SWF文件时，每个场景的时间轴会合并为SWF文件中的一个时间轴。将该SWF文件编译后，其行为好像是使用一个场景创建了该FLA文件。

（一）场景的用途

要按主题组织文档，可以使用场景。例如，可以使用单独的场景用于简介、出现的消息以及片头片尾字幕等。

当发布包含多个场景的 Flash 文档时,文档中的场景将按照它们在 Flash 文档的"场景"面板中列出的顺序进行回放。文档中的帧都是按场景顺序连续编号的。例如文档包含两个场景,每个场景有 10 帧,则场景 2 中的帧的编号为 11～20。

可以添加、删除、复制、重命名场景和更改场景的顺序。要在每个场景之后停止或暂停文档,或允许以非线性方式浏览文档,可以使用动作。

(二) 添加和删除场景

选择"窗口"→"其他面板"→"场景"命令(或者按 Shift＋F2 组合键),即可打开"场景"面板,如图 7-73 所示。

要添加场景,可以进行以下操作之一:

(1) 单击"场景"面板中的"添加场景"按钮 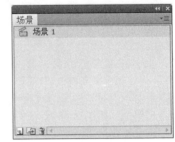 ;

(2) 选择"插入"→"场景"命令。

图 7-73 "场景"面板

(三) 调整场景播放顺序

在"场景"面板中将场景名称拖到不同的位置,即可调整场景的播放顺序,如图 7-74、图 7-75 所示。

图 7-74 场景播放顺序(一)

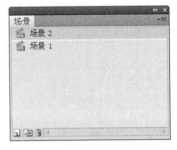

图 7-75 场景播放顺序(二)

 小贴士

场景使用注意的问题

鉴于以下原因,应避免使用场景。

(1) 场景会使文档难以编辑,尤其是在多个创作环境中进行编辑时。任何使用该 FLA 文档的人员,可能都必须在一个 FLA 文件内搜索多个场景来查找代码和资源。为此可以考虑改为加载内容或使用影片剪辑。

(2) 场景通常会导致 SWF 文件很大。使用场景会使设计人员倾向于将更多的内容放在一个 FLA 文件中,因此将需要处理更大的文档,并且得到的 SWF 文件也更大。

(3) 场景将强迫用户连续下载整个 SWF 文件,即使用户不愿或不想观看全部文件。用户必须连续下载整个文件,而不是只加载他们实际想观看或使用的资源。如果不使用场景,用户则可在浏览 SWF 文件的过程中控制想要下载的内容。这意味着用户对他们要下载的内容的数量有了更大的控制权,这样有利于进行带宽管理。缺点是需要管理大量的 FLA 文档。

（4）与 ActionScript 结合的场景，可能会产生意外的结果。因为每个场景时间轴都压缩至一个时间轴，所以可能会遇到涉及 ActionScript 和场景的错误，这通常需要进行额外的复杂调试。

但是，在某些情况下（例如创作长篇幅动画时），这些缺陷几乎不会出现，这时就可以使用场景。如果在设计人员的文档中使用场景存在上述弊端，可以考虑使用屏幕生成动画，而不要使用场景。

【思考练习】

1. 引导层和添加传统运动引导层的区别是什么？
2. 锁定键在遮罩动画中的作用是什么？

【实训课堂】

自己绘制或选择图形，分别制作一个引导层动画、遮罩动画、滤镜特效动画，并用影片播放器生成.exe 文件。

第8章

使用音频与视频

💡【学习要点及目标】

1. 掌握声音的使用方法；
2. 掌握视频的使用方法。

【本章导读】

Flash CS5 可以导入外部的图像和视频素材来增强画面效果。本章将介绍导入外部素材以及设置外部素材属性的方法。通过学习要了解并掌握如何应用 Flash CS5 的强大功能来处理和编辑外部素材，使其与内部素材充分结合，从而制作出更加生动的动画作品。

第一节　使用声音

一、声音文件的格式

声音可以起到传递信息的作用，为 Flash 动画添加适合的声音，可以有效提高 Flash 作品的表现力。Flash CS5 支持大多数主流的声音文件格式，常见的声音文件格式有以下几种。

（一）WAV 格式

WAV 格式是标准的计算机声音格式，它直接保存对声音波形的采样数据，数据没有压缩，所以音质非常好。但是因为其数据没有进行压缩，所以体积相当庞大，占用的空间也就随之变大，不过由于其音质优秀，一些 Flash 动画的特殊音效也常常使用 WAV 格式。

（二）MP3 格式

MP3 格式是一种压缩的声音文件格式。同 WAV 格式相比，MP3 格式的文件量只占 WAV 格式的十分之一。体积小、传输方便、声音质量较好，已经被广泛应用到电脑音乐中，现在的 Flash 音乐大多数采用 MP3 格式。

（三）AIFF 格式

AIFF 格式支持 MAC 平台，是 MAC 机上最常用的用于声音输入的数字音频格式。与 WAV 一样，AIFF 支持立体声和非立体声，也能支持各种各样的比特深度和频率。只有系统上安装了 QuickTime 4 或更高版本，才可使用此声音文件格式。

（四）AU 格式

AU 格式是一种压缩声音文件格式，只支持 8bit 的声音，是互联网上常用的声音文件格式。只有系统上安装了 QuickTime 4 或更高版本，才可使用此声音文件格式。

（五）ADPCM

ADPCM 格式的音频文件使用的是一种音频的压缩模式，可以将声音转换为二进制信息，主要用于语言处理。声音要占用大量的磁盘空间和内存，所以一般为提高作品在网上的下载速度，常使用 MP3 声音文件格式，因为它的声音资料经过了压缩，比 WAV 或 AIFF 格式的文件量小。

在 Flash 中只能导入采样比率为 11kHz、22kHz 或 44kHz，8 位或 16 位的声音。通常，为了作品在网上有较满意的下载速度而使用 WAV 或 AIFF 文件时，最好使用 16 位 22kHz 的声音。

二、声音的类型

（一）事件声音

事件声音必须完全下载之后才能开始播放，并且一直连续播放直到有明确的停止命令。事件声音常用于按钮作为单击按钮的声音，也可以把它作为无限循环的背景音乐，放在任意一个希望从开始播放到结束而不被中断的地方。对于事件声音，要注意以下几方面的问题。

（1）事件驱动式声音在播放前必须完整下载。声音文件过大会使得下载时间长。下载到内存后，重复播放需要再次下载。

（2）无论发生什么，事件声音都会从开始播放到结束。不管影片是否放慢了速度，其他事件声音是否正在播放，还是导航结构把观众带到了用户作品的另一部分，它都会继续播放。

（3）事件声音无论长短都只能插入到一个帧。

（二）音频流

在前几帧下载了足够的数据后就开始播放，声音的播放和时间轴是同步的，声音可以边下载边播放，因此音频流特别适合用于网络中。运用音频流，要注意以下几方面的问题。

（1）可以把流式声音与影片中的可视元素同步。

（2）即使它是一个很长的声音，播放前，也只需下载很小一部分声音文件。

（3）声音流只在时间轴上它所在的帧中播放。

这两种类型的声音最大的区别并不是声音文件本身的不同，主要体现在动画播放过程中的不同。因此把声音的一个实例放在时间轴上时，需要决定它是事件声音还是流声音。

三、导入声音

在菜单中选择"文件"→"导入"→"导入到库"命令，打开"导入到库"对话框，"文件类型"选择"所有格式"选项，选择目标文件后，单击"确定"按钮，就可以在"库"面板中看到刚刚导入的声音文件，如图 8-1 所示。

在时间轴上选择需要添加声音的关键帧，然后从库中把声音对象拖到舞台上，即可完成添加，如图 8-2 所示。

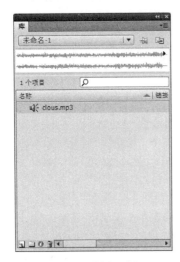

图 8-1　"库"面板

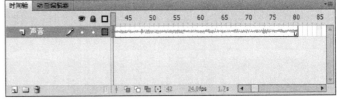

图 8-2　添加声音

四、编辑与控制声音

声音文件在成功导入到动画后，可以根据需要编辑声音效果。单击导入声音的关键帧，显示声音"属性"面板，如图 8-3 所示。

（一）名称

可以在此选项的下拉列表中选择"库"面板中的声音文件。

（二）效果

可以在此选项的下拉列表中选择声音播放的效果，如图 8-4 所示。

图 8-3　声音"属性"面板

图 8-4　声音播放效果

其中各选项说明如下。

- 无：选择此选项，将不对声音文件应用效果，即选择此选项后可以删除以前应用于声音的特效。
- 左声道：选择此选项，只在左声道播放声音。
- 右声道：选择此选项，只在右声道播放声音。
- 向右淡出：选择此选项，声音从左声道渐变到右声道。
- 向左淡出：选择此选项，声音从右声道渐变到左声道。
- 淡入：选择此选项，在声音的持续时间内逐渐增加其音量。
- 淡出：选择此选项，在声音的持续时间内逐渐减小其音量。
- 自定义：选择此选项，将打开"编辑封套"对话框，如图 8-5 所示。通过自定义声音的嵌入和淡出点可以方便地创建自己的声音效果。
    - ➢ 音量控制节点：显示为小方框，在音量指示线处单击，可以添加一个音量控制节点，按件鼠标拖曳音量控制节点，可以改变音量指示线的垂直位置，从而调整音量。音量指示线的位置越高，声音越大，对于一些不需要的音量控制节点，按住鼠标将其拖曳出编辑窗口即可将其删除。
    - ➢ 声音起始点与声音结束点：用于截取声音文件的片段，使声音更符合动画的要求，使用鼠标向内拖动时间轴两侧的声音起始点与声音结束点即可。改变了声音文件的长度后，如果双击两侧的声音起始点与声音结束点，可以将声音文件恢复为原来的长度。
    - ➢ 播放声音：单击该按钮，可以播放编辑后的声音，从而试听声音效果。
    - ➢ 停止声音：单击该按钮，可以停止声音的播放。
    - ➢ 放大和缩小：单击该按钮，可以放大或缩小声道编辑窗口的显示比例，从而便于进一步地调整。

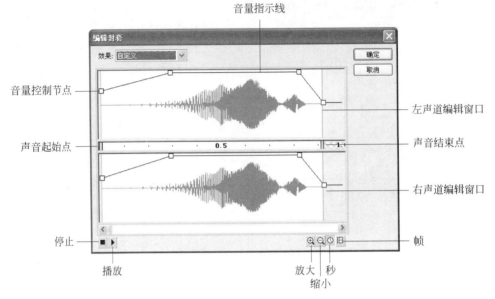

图 8-5 "编辑封套"对话框

> 秒和帧：用于设置声道编辑窗口中的单位。

（三）同步

此选项用于选择何时播放声音，如图 8-6 所示。

其中各选项说明如下。

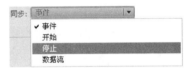

图 8-6 同步类型

1. 事件

将声音和发生的事件同步播放，即声音由加载的
关键帧处开始播放，直到声音播放完或者被脚本命令中断。它是把声音与事件的发生同
步起来，与动画时间轴无关，一发生就一直播放下去，除非有命令使它停止。

将声音设置为事件，可以确保声音有效地播放完毕，不会因为帧已经播放完而引起音
效的突然中断。制作该设置模式后，声音会按照指定的重复播放次数一次不漏地全部播
放完。

2. 开始

与"事件"选项的功能相近，但如果所选择的声音实例已经在时间轴的其他地方播放，
则不会播放新的声音实例。

3. 停止

使指定的声音静音。在时间轴上同时播放多个声音时，可指定其中一个为静音。

4. 数据流

使声音同步，以便在 Web 站点上播放，Flash 强制动画和音频流同步。也就是说，
音频流随动画的播放而播放，随动画的结束而结束。当发布 SWF 文件时，音频流混合
在一起。一般给帧添加声音时使用此选项，音频流声音的播放长度不会超过它所占帧
的长度。

5. 重复

用于指定声音循环的次数。可以在选项后的数值框中设置循环次数。

6. 循环

用于循环播放声音。一般情况下,不循环播放音频流。如果将音频流设为循环播放,帧就会添加到文件中,文件的大小就会根据声音循环播放的次数而倍增。

五、压缩声音文件

当声音较长时,生成的动画文件就会很大,需要在导出动画时压缩声音,获得较小的动画文件,便于在网上发布。打开"库"面板,在面板中选择导入的声音文件右击,在弹出的菜单中选择"属性"命令,打开"声音属性"对话框,如图 8-7 所示。

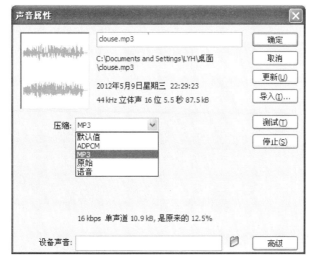

图 8-7　"声音属性"对话框

在"声音属性"对话框中,单击"更新"按钮,可以更新声音;单击"导入"按钮,可以重新导入一个声音文件;单击"测试"按钮,可以测试声音效果;单击"停止"按钮,可以停止声音测试。

打开"压缩"右侧的下拉列表,可以设置声音输出格式。

(一)默认值

选择"默认值"压缩方式,将使用"发布设置"对话框中的默认声音压缩设置。

(二)ADPCM

ADPCM 压缩适用于对较短的事件声音进行压缩。选择此选项后,会在"压缩"下拉列表的下方出现有关 ADPCM 压缩的设置选项,如图 8-8 所示。

1. 预处理

选中此复选框,可以将混合立体声转换为单声道,单声道不受此选项的影响,这样可

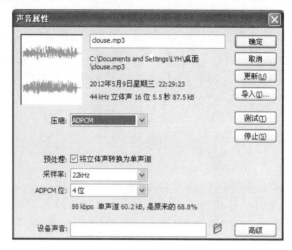

图 8-8　ADPCM 压缩设置选项

以减少声音的存储量。

2. 采样率

采样率的大小关系到音频文件的大小,适当调整采样率可有效控制音频效果,也可以减少文件的大小。

- 5kHz:最低的可以接受标准,能够达到人说话的声音。
- 11kHz:标准 CD 比率的 1/4,是最低的建议声音质量。
- 22kHz:适用于 Web 回放。
- 44kHz:标准的 CD 音频比率。

3. ADPCM 位

可以从下拉列表中选择 2~5 位的选项,以调整文件的大小。

(三)MP3 压缩

MP3 最大的特点在于它能以较小的比特率、较大的压缩比率达到近乎完美的 CD 音质。在需要导出较长的流式声音时,可使用该选项。选择此选项,会在"压缩"下拉列表的下方出现有关 MP3 压缩的设置选项,如图 8-9 所示。

1. 比特率

用于设置声音文件的传输速率,比特率的范围为 8~160Kbps。比特率越低,压缩的比例就越大。一般情况下,比特率的设置值不应低于 16Kbps。如果将声音的比特率设置得过低,将会严重影响声音文件的播放效果。

2. 品质

用于设置文件的压缩速度与品质。

- 快速:压缩速度快,但是声音的质量较低。
- 中:压缩速度较慢,但是声音的质量较高。
- 最佳:压缩速度最慢,但是声音的质量最高。

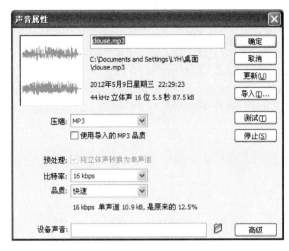

图 8-9　MP3 压缩设置选项

（四）原始

选择"原始"选项,则在导出动画时不会压缩声音,只能调整声音文件的采样率。选择此选项后,会在"压缩"下拉列表中,出现有关"原始"压缩的设置选项,如图 8-10 所示。

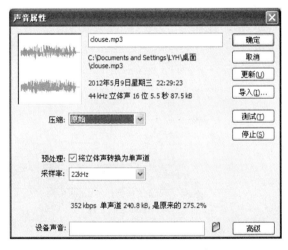

图 8-10　"原始"压缩设置选项

在"原始"压缩设置中,只需设置"采样率"和"预处理",具体设置与 ADPCM 压缩设置相同。

（五）语音

"语音"选项使用一种特别适合于语音的压缩算法导出声音,主要用于人物配音的处理,选择此选项后,会在"压缩"下拉列表的下方出现有关"语音"压缩的设置选项,如图 8-11 所示。

在"语音"压缩设置中,只需设置"采样率",具体设置与 ADPCM 压缩设置相同。

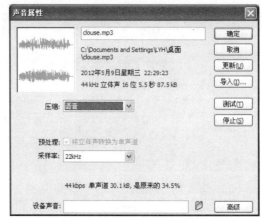

图 8-11 "语音"压缩设置选项

六、应用声音

（一）为动画使用背景音乐

为动画使用背景音乐的基本操作方法如下。

（1）新建一个 Flash 文件，将"图层 1"重命名为"背景"。

（2）新建图层，并重命名为"音效"。

（3）选择"背景"层，执行"文件"→"导入"→"导入到舞台"命令，将素材文件导入到编辑区，如图 8-12 所示。

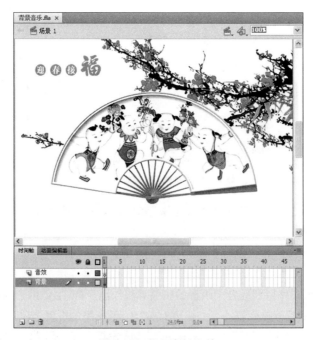

图 8-12 导入素材文件

（4）选择"文件"→"导入"→"导入到库"命令,将音频素材文件导入到库中。

（5）选择"音效"层的第 1 帧,从库中将音频素材文件拖放到编辑区。

（6）选择"音效"层的第 1 帧,在"属性"面板中设置"同步"选项为"事件"和"循环",如图 8-13 所示。

（7）选择"控制"→"测试影片"命令,测试动画效果。

（8）选择"音效"层的第 1 帧,在"属性"面板中设置"同步"选项为"数据流"和"重复",重复次数值设定为 1,如图 8-14 所示。

图 8-13 设置"同步"选项

图 8-14 设置"同步"选项

（9）在时间轴中单击第 100 帧(帧数可随意,主要由音乐的长短来决定),按 F5 键将帧延长,然后按 Enter 键试听音乐,如果音乐没有播放完毕,继续按 F5 键延长帧,直到音乐结束为止。也可以根据波形线来判断。

（10）延长"背景"层的帧数,使与"音效"层的帧数相同。

（11）选择"控制"→"测试影片"命令,测试动画效果。

（二）为按钮添加声效

可以将声音和一个按钮元件的不同状态关联起来。因为声音和元件存储在一起,它们可以用于元件的所有实例。具体操作步骤如下。

（1）新建一个 Flash 文件,将"图层 1"重命名为"背景"。

（2）选择"文件"→"导入"→"导入到库"命令,将声音文件导入到库中。

（3）选择"插入"→"新建元件"命令,打开"创建新元件"对话框。在"名称"文本框中输入要创建的元件名,在"类型"下拉列表中选择"影片剪辑"类型。单击"确定"按钮,进入元件的编辑状态。

（4）在元件的编辑区中,选择"基本矩形工具",绘制圆角矩形,如图 8-15 所示。

（5）单击"场景 1"返回到场景中,再次选择"插入"→"新建元件"命令,打开"创建新元件"对话框。在"名称"文本框中输入要创建的元件名,在"类型"下拉列表中选择"按钮"类

图 8-15　绘制圆角矩形

型。单击"确定"按钮,进入元件的编辑状态。

（6）单击"弹起"帧,将上一步绘制的矩形元件拖入编辑区,选择"文本工具"输入文本,如图 8-16 所示。

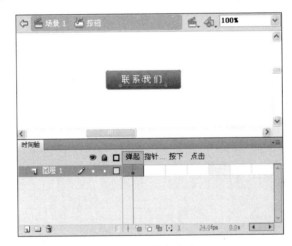

图 8-16　输入文本

（7）单击"指针经过"帧,并按 F6 键插入关键帧,选择矩形元件,添加"发光"滤镜效果,如图 8-17 所示。

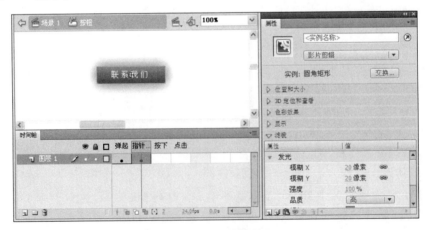

图 8-17　添加滤镜效果

（8）单击"按下"帧并按 F6 键插入关键帧。

（9）单击"点击"帧并按 F5 键创建普通帧，如图 8-18 所示。

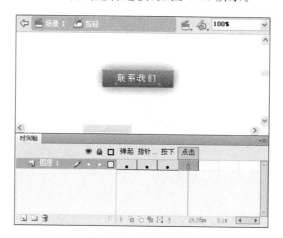

图 8-18 创建普通帧

（10）新建图层，选中第 2 帧，插入空白关键帧，将声音文件拖入编辑区，在"属性"面板中设置"同步"选项为"事件"和"重复"，重复次数值设定为 1，如图 8-19 所示。

图 8-19 设置"同步"选项

（11）单击"场景 1"返回到场景中，这时在"库"面板中可以看到按钮元件。

（12）根据需要，拖动按钮元件到编辑区中，选择"控制"→"测试影片"命令，测试按钮的发音效果。

第二节 使用视频

一、Flash CS5 的视频文件格式

如果系统上安装了 QuickTime 或 DirectX 9 其更高版本，Flash CS5 可以导入多种文

件格式的视频剪辑,包括 AVI、MOV 和 MPG/MPEG 等格式。

(一) AVI

AVI 是 Microsoft 公司开发的一种数字音频与视频文件格式,即将语音和影像同步组合在一起的音频视频交错格式。它对视频文件采用了一种有损压缩方式,压缩比较高。这种视频格式的优点是兼容性好,可以跨多个平台使用;其缺点是体积过于庞大。

(二) DV

DV 格式是一种国际通用的数字视频标准,是由 10 余家公司共同开发的。DV 格式的视频画面清晰度高,稳定无抖动,色度带宽,可还原色彩绚丽的图像,目前非常流行的数码摄像机就是使用这种格式记录视频数据的。

(三) MPG 和 MPEG

MPG 和 MPEG 是由动态图像专家组推出的压缩音频和视频格式,包括 MPEG-1、MPEG-2 和 MPEG-4。MPEG 是运动图像压缩算法的国际标准,已被几乎所有的电脑操作系统平台共同支持。

(四) MOV

QuickTime(MOV)是 Apple 公司开发的一种视频格式。它无论是在本地播放还是作为视频流格式在网上传播,都是一种优良的视频编码格式。

(五) ASF

ASF 是 Microsoft 公司开发的一种视频格式,特别适合在 IP 网上传输。ASF 文件的内容既可以是我们熟悉的普通文件,也可以是一个由编码设备实时生成的连续的数据流。所以 ASF 既可以传送事先录制好的视频节目,也可以传送实时产生的视频节目。

(六) FLV

FLV 格式是随着 Flash 的发展而推出来的视频格式,是一种全新的流媒体视频格式。它利用了网页上广泛使用的 Flash Player 平台,将视频整合到 Flash 动画中。

也就是说,网站的访问者只要能看 Flash 动画,自然也能看 FLV 格式视频,而无须再额外安装其他视频插件,这给视频传播带来了极大便利。由于它形成的文件极小、加载速度极快,又有效地解决了视频文件导入 Flash 后,使导出的 SWF 文件体积庞大,不能在网络上很好使用等缺点,目前已经成为视频文件的主流格式。

二、导入视频文件

(一) 导入 FLV 格式视频文件

要导入 FLV 格式的文件,可以选择"文件"→"导入"→"导入到库"命令,在打开的"导入到库"对话框中选择要导入的 FLV 格式的视频文件,如图 8-20 所示。

图 8-20　"导入到库"对话框

单击"打开"按钮,打开"选择视频"对话框,如图 8-21 所示。

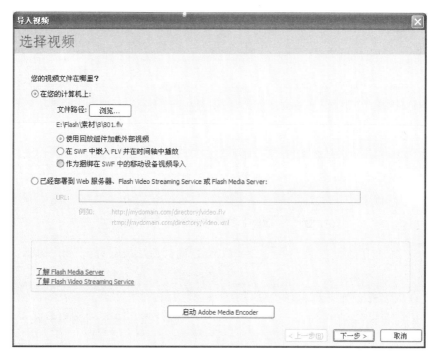

图 8-21　"选择视频"对话框

（二）对话框中选项的含义

• "使用回放组件加载外部视频":导入视频并创建 FLVPlayback 组件的实例以控

制视频回放。可以将 Flash 文档作为 SWF 发布并将其上传到 Web 服务器,还必须将视频文件上传到 Web 服务器或 Flash Media Server,并按照已上传视频文件的位置配置 FLVPlayback 组件。

- "在 SWF 中嵌入 FLV 并在时间轴中播放":将 FLV 或 F4V 嵌入到 Flash 文档中。这样导入视频时,该视频放置于时间轴中,可以看到时间轴帧所表示的各个视频帧的位置。嵌入的 FLV 或 F4V 视频文件成为 Flash 文档的一部分。
- "作为捆绑在 SWF 中的移动设备视频导入":与在 Flash 文档中嵌入视频类似,将视频绑定到 Flash Lite 文档中以部署到移动设备。

在对话框中选择"在 SWF 中嵌入 FLV 并在时间轴中播放"选项,单击"下一步"按钮,打开"嵌入"对话框,如图 8-22 所示。

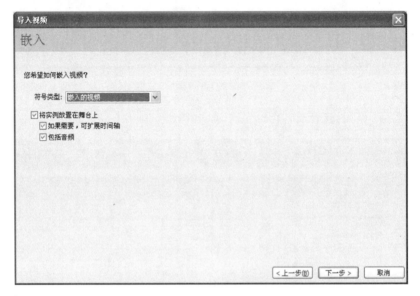

图 8-22 "嵌入"对话框

(三)在"嵌入"对话框的下拉列表中选择符号类型

"嵌入"对话框的下拉列表中包括"嵌入的视频"、"影片剪辑"和"图形"3 种符号类型。

- "嵌入的视频":在时间轴上线性播放视频剪辑。
- "影片剪辑":将视频置于影片剪辑实例中,这样可以获得对内容的最大控制。
- "图形":将视频剪辑嵌入为图形元件。一般情况下,图形元件用于静态图像以及用于创建一些绑定到主时间轴的可重用的动画片段。

根据需要勾选"将实例放置在舞台上"、"如果需要,可扩展时间轴"和"包括音频"选项。单击"下一步"按钮,打开"完成视频导入"对话框,如图 8-23 所示。

单击"完成"按钮,视频将被导入到库中,并在舞台上放置一个实例。

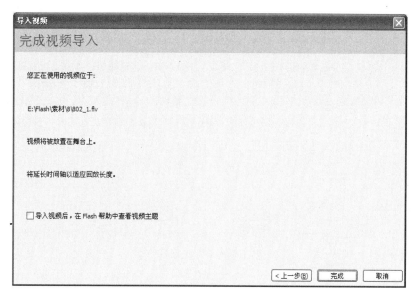

图 8-23　"完成视频导入"对话框

（四）导入其他格式的视频文件

（1）要导入其他格式的视频文件，可以选择"文件"→"导入"→"导入视频"命令，打开"选择视频"对话框，如图 8-24 所示。

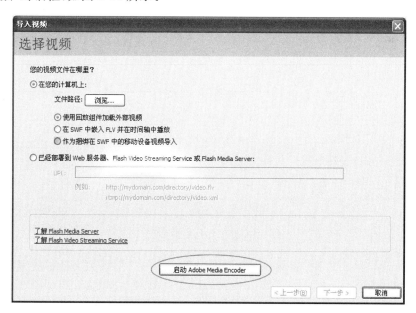

图 8-24　"选择视频"对话框

（2）单击"启动 Adobe Media Encoder"按钮，启动 Adobe Media Encoder 编码应用程序，如图 8-25 所示。

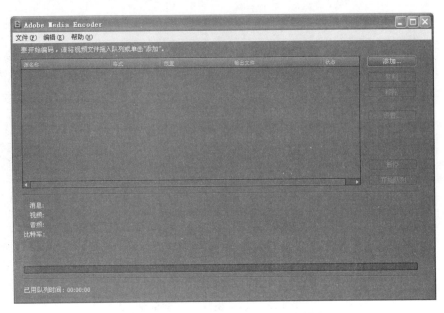

图 8-25　Adobe Media Encoder 程序界面

（3）单击"添加"按钮，打开"打开"对话框，如图 8-26 所示。

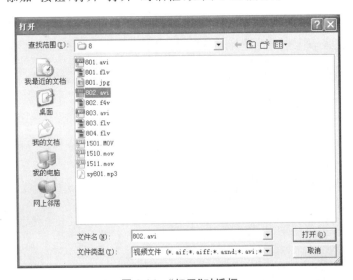

图 8-26　"打开"对话框

（4）选择需要导入的视频文件，单击"打开"按钮，所选的视频文件将被添加到队列列表中，如图 8-27 所示。

（5）单击"设置"按钮，打开"导出设置"对话框，如图 8-28 所示。

（6）在"导出设置"对话框中，可以设置导出文件的时间、大小尺寸和文件格式等，单击"确定"按钮，返回 Adobe Media Encoder 窗口。

（7）在 Adobe Media Encoder 窗口中单击"开始队列"按钮即可开始视频的编码转

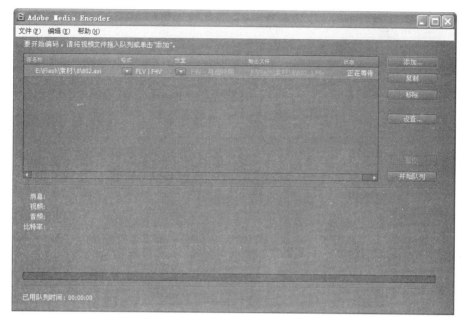

图 8-27 导入视频文件

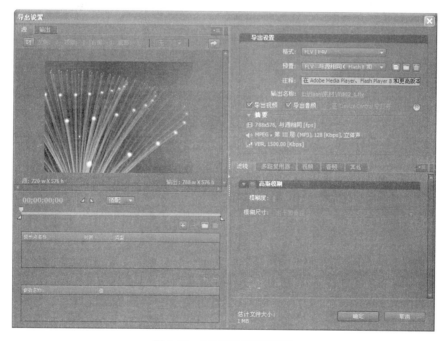

图 8-28 "导出设置"对话框

换,在窗口底部以进度条的形式显示编码转换进度,如图 8-29 所示。

（8）转换完成后,视频文件会以 FLV 或 F4V 格式保存于相同文件夹中,要导入到
Flash 中,可以采用"导入 FLV 格式视频文件"的方法导入。

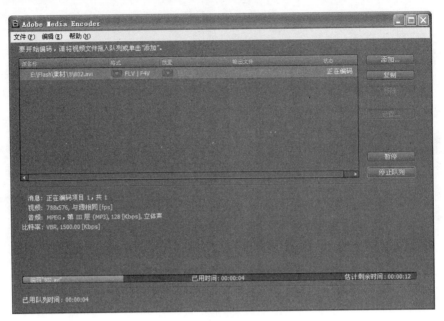

图 8-29　视频编码转换

三、应用视频文件

（一）嵌入视频

可以将视频文件嵌入到 Flash 文件中，在时间轴上线性播放视频剪辑。基本步骤如下例所示。

（1）新建一个 Flash 文件，使用默认文档设置。

（2）选择"文件"→"导入"→"导入到库"命令，在打开的"选择视频"对话框中单击"浏览"按钮，打开"打开"对话框，选择要导入的 FLV 或 F4V 格式的视频文件。

（3）单击"打开"按钮，返回"选择视频"对话框，在对话框中选择"在 SWF 中嵌入 FLV 并在时间轴中播放"选项，单击"下一步"按钮，打开"嵌入"对话框。

（4）在"嵌入"对话框的下拉列表中选择符号类型为"嵌入的视频"，勾选"将实例放置在舞台上"、"如果需要，可扩展时间轴"和"包括音频"选项。单击"下一步"按钮，打开"完成视频导入"对话框。

（5）单击"完成"按钮，视频将被导入到库中，并在舞台上放置一个实例，如图 8-30 所示。

（二）转换为影片剪辑

在 Flash CS5 中，可以将视频置于影片剪辑实例中，这样可以获得对内容的最大控制。具体操作步骤如下例所示。

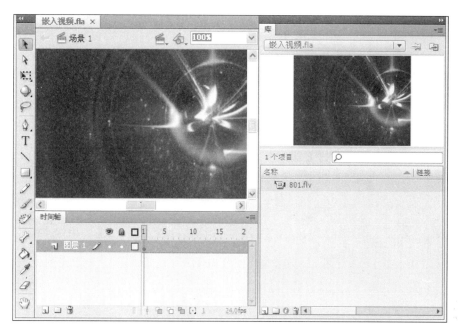

图 8-30　将视频导入到库中

（1）新建一个 Flash 文件，使用默认文档设置。

（2）选择"文件"→"导入"→"导入到舞台"命令，将背景图片导入到舞台，如图 8-31 所示。

图 8-31　导入背景图片到舞台

（3）选择"文件"→"导入"→"导入视频"命令，在打开的"选择视频"对话框中单击"浏览"按钮，打开"打开"对话框，选择要导入的 FLV 或 F4V 格式的视频文件。

（4）单击"打开"按钮，返回"选择视频"对话框，在对话框中选择"在 SWF 中嵌入 FLV 并在时间轴中播放"选项，单击"下一步"按钮，打开"嵌入"对话框。

（5）在"嵌入"对话框的下拉列表中选择"符号类型"为"影片剪辑"，清除"将实例放置在舞台上"、"如果需要，可扩展时间轴"和"包括音频"选项，如图 8-32 所示。

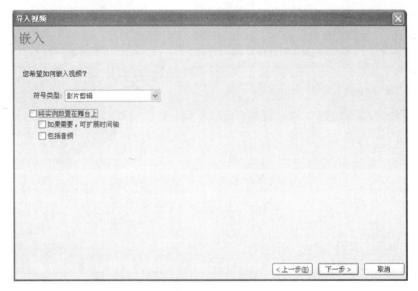

图 8-32　"嵌入"对话框

（6）单击"下一步"按钮，打开"完成视频导入"对话框。

（7）单击"完成"按钮，视频将被导入到库中。

（8）新建图层，选择第 1 帧，在舞台上放置一个视频实例，Flash 会显示消息框，如图 8-33 所示。

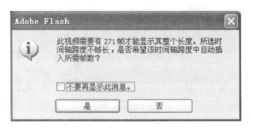

图 8-33　消息框

（9）单击"是"按钮，关闭消息框，Flash 在时间轴中自动插入所需的帧数，如图 8-34 所示。

（10）在图层 1 中的适当位置插入普通帧以显示背景，如图 8-35 所示。按 Ctrl＋Enter 组合键测试动画。

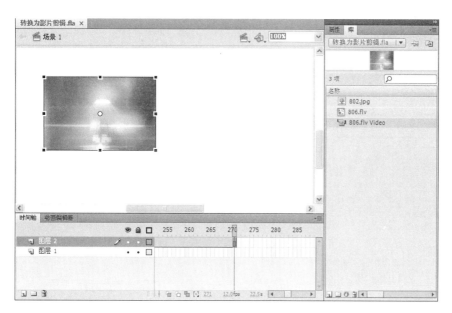

图 8-34 创建视频实例

图 8-35 显示背景

【思考练习】

1. Flash CS5 的版本中可以插入的音频文件格式有哪几种？

2. 如何使较短的音频重复播放 20 次？

【实训课堂】

设计一个"生日快乐"动画。

要求：

1. 设计有新意，体现"生日快乐"的主题；

2. 动画伴随"生日快乐歌.mp3"循环播放。

第**9**章

动作脚本的运用

【学习要点及目标】

1. 了解编程的基础知识；
2. 掌握实用交互操作方法。

【本章导读】

制作吸引受众的动画，通常需要用到动作脚本进行编程，通过脚本撰写语言，可以实现用户与动画的交互，制作出引人入胜的动画效果。

第一节 "动作"面板

通过"动作"面板，可以创建嵌入到 FLA 格式文件中的脚本。在选定了要加入动作的对象后，在"动作"面板中输入 ActionScript 代码即可。选择"窗口"→"动作"命令，或按 F9 键，即可打开 Flash CS5 的"动作"面板，如图 9-1 所示。

图 9-1 "动作"面板

"动作"面板内容说明如下。

- 动作工具箱：以分类的方式，列出了 Flash 中所有的动作及语句，用户可以根据程序编写的需要,用双击或拖曳的方式将需要的动作添加到脚本窗口中。

- 脚本导航器:以折叠菜单的方式,列出了 Flash 中所有添加了 ActionScript 的对象和当前选中的对象,可以直接选择以查看这些对象上的脚本语句。
- 脚本窗口:脚本窗口用来创建脚本,用户可以在其中直接编辑动作,也可以输入动作的参数或者删除动作,这和在文本编辑器中创建脚本非常相似。
- 工具栏:提供了添加 ActionScript 代码以及相关操作的按钮。
- 窗口菜单按钮:单击此按钮可以打开"动作"面板的菜单。

在"动作"面板的左上方,以下拉列表的方式列出了 Flash CS5 中所有的 ActionScript 版本,可以从中选择需要的 ActionScript 版本。需要注意的是所创建的影片类型不同,所选择的 ActionScript 版本也不相同,例如不能把 ActionScript 3.0 脚本添加到基于 ActionScript 2.0 所创建的影片文件中。

在工具栏中,提供了一个"脚本助手"按钮,单击此按钮,可切换到"脚本助手"模式,如图 9-2 所示。使用"脚本助手"模式,可以快速、简单地编辑动作脚本,比较适合初学者使用。

图 9-2 "脚本助手"模式的"动作"面板

第二节 编程基础

一、数据类型

数据类型描述了动作脚本中的变量或元素可以包含的信息种类。

(一)String(字符串)数据类型

字符串数据类型是字母、数字和标点符号等字符的序列,字符串必须用一对双引号标记,字符串被当作字符而不是变量进行处理。例如：

```
yourname="mu qin he";
```

在上面的例子中变量 yourname 的值就是引号中的字符串"mu qin he"。

（二）Number（数字）数据类型

数字数据类型是指数字的算术值,要进行正确的数学运算必须使用数字数据类型。可以使用算术运算符加（＋）、减（－）、乘（＊）、除（/）、求模（%）、递增（＋＋）和递减（－－）来处理数字,也可以使用内置的 Math 对象的方法处理数字。

（三）int（整数）数据类型

整数数据类型可以是正或负的整数或者是 0。int 类型只能被用在确定这个变量只用作整数的情况下。一个经常使用 int 类型的地方是在 for 循环中用作计数变量。

（四）uint（正整数）数据类型

uint（正整数）数据类型为 32 位无符号整数,可以存放比 int 类型大的数值,例如存储颜色值。

（五）Boolean（布尔）数据类型

值为 true 或 false 的变量被称为布尔型变量。Flash 动作脚本也会根据需要将 Boolean 数据 true 和 false 转换为 1 和 0。Boolean 数据经常与逻辑运算符一起使用进行程序的判断,从而控制程序的流程。

（六）NULL（空值）数据类型

空值数据类型只有一个值,即 null。此值意味着"没有值",即缺少数据。null 可以用在各种情况中,如作为函数的返回值、表明函数没有可以返回的值,表明变量还没有接收到值,表明变量不再包含值等。

（七）Movie Clip（影片剪辑）数据类型

影片剪辑是 Flash 影片中可以播放动画的元件,是唯一引用图形元素的数据类型。Flash 中的每个影片剪辑都是一个 Movie Clip 对象,它们拥有 Movie Clip 对象中定义的方法和属性。通过点（.）运算符可调用影片剪辑内部的属性和方法。

（八）Object（对象）数据类型

对象型数据类型指所有使用动作脚本创建的基于对象的代码。对象是属性的集合,每个属性都拥有自己的名称和值,属性的值可以是任何 Flash 数据类型,甚至可以是对象数据类型。

二、变量

变量是包含信息的容器。第一次定义变量时,最好为变量定义一个已知值,即初始化变量,通常在 SWF 文件的第 1 帧中完成。每一个影片剪辑对象都有自己的变量,而且不同的影片剪辑对象中的变量相互独立且互不影响。变量中可以存储的常见信息类型包括 URL、用户名、数字运算的结果、事件发生的次数等。为变量命名必须遵循以下规则。

（1）变量名在其作用范围内必须是唯一的。

（2）变量名不能是关键字或布尔值。

（3）变量名必须以字母或下划线开始,由字母、数字、下划线组成,其间不能包含空格（变量名没有大小写的区别）。

变量的范围是指变量在其中已知并且可以引用的区域,它包含以下 3 种类型。

1. 本地变量

在声明它们的函数体(由大括号决定)内可用。本地变量的使用范围只限于它的代码块,会在该代码块结束时到期,其余的本地变量会在脚本结束时到期。若要声明本地变量,可以在函数体内部使用 var 语句。

2. 时间轴变量

可用于时间轴上的任意脚本,要声明时间轴变量,应在时间轴的所有帧上都初始化这些变量。应先初始化变量,然后再尝试在脚本中访问它。

3. 全局变量

对于文档中的每个时间轴和范围均可见。如果要创建全局变量,可以在变量名称前使用 var 语法。

三、函数

函数是用来对常量、变量等进行某种运算的方法,如产生随机数,进行数值运算,获取对象属性等。函数是一个动作脚本代码块,它可以在影片中的任何位置上重新使用。如果将值作为参数传递给函数,则函数将对这些值进行操作。函数也可以返回值。

调用函数可以用一行代码来代替一个可执行的代码块。函数可以执行多个动作,并为它们传递可选项。函数必须有唯一的名称,以便在代码行中可以知道访问的是哪一个函数。

（一）使用内置函数

Flash 内置了许多函数,可用于访问特定的信息,或执行特定的任务。可在"动作"面板的 Functions 类别找到这些函数,在参数传递过程中,参数多于函数所需时,多余的将被忽略,如果没有参数值传递,则定义成 undefined 数据类型,但可能使脚本产生错误。

调用函数时只需写出函数名并传递参数即可,如下面语句所示:

```
isNaN(some Var);
getTimer();
gotoAndPlay(5);
```

（二）自定义函数

除了内置的函数外还可以自定义函数,对传递的值执行一系列语句,函数也可以有返回值,经定义后的函数就可以在时间轴中调用它。函数和变量一样,都附加在定义它们的影片剪辑时间轴上,必须使用目标路径才能调用。使用_global标识符声明一个全局函数,该函数无须使用目标路径即可从所有时间轴中进行调用,如下面代码所示:

```
_global.fun=function(x)
{
    return(x * x);
}
```

如果定义时间轴函数,可使用"function",后面要带有函数名称,要传递的所有参数及动作脚本语句,如下面代码所示:

```
function area(x)
{
    return Math.PI * x * x;
}
```

四、表达式与运算符

表达式是由常量、变量、函数和运算符按照运算法则组成的计算式。运算符是可以提供对数值、字符串、逻辑值进行运算的关系符号。运算符有很多种类,包括数值运算符、字符串运算符、比较运算符、逻辑运算符、位运算符和赋值运算符等。

（一）算术运算符

算术运算符可以在两个表达式上执行数学运算,这两个表达式可以是数字数据类型分类的任何数据类型。算术运算符包括加（＋）、减（－）、乘（＊）、除（/）和取模（％）,各算术运算符的含义如表9-1所示。

表 9-1　算术运算符及其含义

运算符	含　义	运算符	含　义
＋	加	％	取模
－	减	＋＋	递增
＊	乘	－－	递减
/	除		

（二）逻辑运算符

逻辑运算符用来测试某些条件是否成立,并返回逻辑值 true 和 false。Flash 中的逻辑运算符及其含义如表 9-2 所示。

表 9-2　逻辑运算符及其含义

运算符	含　义	运算符	含　义
&&	逻辑"非"	!	逻辑"或"
‖	逻辑"与"		

（三）位运算符

位运算符用于处理浮点数。运算时先将操作数转化为 32 位的二进制数,然后对每个操作数分别按位进行运算,运算后再将二进制的结果按照 Flash 的数值类型返回。动作脚本的位运算符及其含义如表 9-3 所示。

表 9-3　位运算符及其含义

运算符	含　义	运算符	含　义
&	按位"与"	<<	左移位
		按位"或"	>>	右移位
^	按位"异或"	>>>	右移位填零
~	按位"非"		

（四）比较运算符

比较运算符用于比较两个表达式的大小或是否相同,其比较的结果是逻辑值,即 true (表示表达式的结果为真),false(表示表达式的结果为假)。比较运算符及其含义如表 9-4 所示。

表 9-4　比较运算符及其含义

运算符	含　义	运算符	含　义
<	小于	<=	小于等于
>	大于	>=	大于等于

（五）赋值运算符

只有一个赋值运算符,即等号(=)。赋值运算符能够将数据值指派给特定的变量。常用赋值运算符及其含义如表 9-5 所示。

表 9-5　常用赋值运算符及其含义

运算符	含　义	运算符	含　义
＝	赋值	＊＝	相乘并赋值
＋＝	相加并赋值	／＝	相除并赋值
－＝	相减并赋值	％＝	求余并赋值

五、ActionScript 脚本语法

使用 ActionScript 编写脚本时，如果使用正常模式的"动作"面板，通过菜单和列表选择选项，可以创建简单的动作。要想用 ActionScript 编写功能强大的脚本，就需要深入了解和学习 ActionScript 脚本语言。

像其他脚本语言一样，ActionScript 也有它自己的语法规则。ActionScript 的语法和风格与 JavaScript 非常相似，但不完全相同。ActionScript 拥有自己的句法和标点符号使用规则，这些规则规定了一些字符和关键字的含义，以及它们的书写顺序。下面列出的是 ActionScript 的一些基本语法规则。

（一）点语法

在 ActionScript 中，点（.）被用来指明与某个对象或电影剪辑相关的属性和方法。它也用来标识指向电影剪辑或变量的目标路径。点语法表达式由对象或电影剪辑名开始，接着是一个点，最后是要指定的属性、方法或变量。

例如，ballMC 实例的 play 方法用于移动 ballMC 的时间轴播放头，可写成如下形式：

```
ballMC.play();
```

（二）大括号

ActionScript 语句用大括号（{}）分块，如下面的脚本所示：

```
on(release){
    myDate=new Date();
    currentMonth=myDate.getMonth();
}
```

（三）小括号

小括号"()"是表达式中的一个符号，具有运算符的最优先级别。在定义函数时，要将所有参数都放在括号中，如下所示：

```
function myuser (name,age) {
...
}
```

调用函数时,要将传递的所有参数放在括号中,如下所示:

```
myuser ("june",18);
```

括号还可以用来改变 ActionScript 的优先级或增强 ActionScript 的易读性。

(四) 分号

ActionScript 语句用分号(;)结束,但如果省略语句结尾的分号,Flash 仍然可以成功地编译脚本。例如,下面的语句用分号结束:

```
colum=passedDate.getDay();
row=0;
```

同样的语句也可以不写分号:

```
colum=passdDate.getDay()
row=0
```

(五) 大小写字母

在 ActionScript 中,只有关键字区分大小写。对于其余的 ActionScript,可以使用大写或小写字母。例如,下面的语句是等价的:

```
cat.hilite=true;
CAT.hilite=true;
```

但是,遵守一致的大小写约定是一个好的习惯。这样,在阅读 ActionScript 代码时更易于区分函数和变量的名字。如果在书写关键字时没有使用正确的大小写,脚本将会出现错误。例如下面的两个语句:

```
setProperty(ball,_xscale,scale);
setproperty(ball,_xscale,scale);
```

前一句是正确的,后一句 property 中的 p 应是大写而没有大写,所以是错误的。在"动作"面板中启用彩色语法功能时,用正确的大小写书写的关键字用蓝色区别显示,因而很容易发现关键字的拼写错误。

(六) 关键字

ActionScript 保留一些单词,专用于与本语言之中。因此,不能用这些保留字作为变量、函数或标签的名字。表 9-6 列出了 ActionScript 中部分关键字。

小贴士

这些关键字都是小写形式,不能写成大写形式。

表 9-6　ActionScript 部分关键字

break	continue	delete	else
for	function	if	in
new	return	this	typeof
var	void	while	with

（七）注释

注释主要用于对代码进行解释和说明，帮助用户阅读代码，理解代码的含义和作用；或在调试程序时禁止执行某些可能出现问题的代码，帮助用户排除程序错误。

代码注释可以分为两种，即单行注释和多行注释。

1. 单行注释

单行注释是指允许出现在单行中的注释文本，其通常以双斜杠"//"作为标识符。当 Flash 检测到双斜杠"//"符号时，将自动跳过从双斜杠"//"到行尾的内容，不对这些内容进行编译，如下例所示：

```
Statements;          //DefineText
```

2. 多行注释

多行注释又被称作块注释，即为代码块进行的注释。多行注释允许在单行、多行等情况下使用，其通常以斜杠"/"加星号"＊"起始，以星号"＊"加斜杠"/"结尾，如下例所示：

```
on(release){
    //建立新的日期对象
    myDate=new Date();
    currentMonth=myDate.getMonth();
    /＊把用数字表示的月份
    转换为用文字表示的月份＊/
    monthName=calcMoth(currentMonth);
    year=myDate.getFullYear();
    currentDate=myDate.getDat();
}
```

第三节　Flash 动作脚本中常用的语句

一、play 命令（播放）

使用格式：

```
play()
```

该命令没有参数，功能是使动画从它的当前位置开始放映。

二、stop 命令（停止播放）

使用格式：

```
stop()
```

该命令没有参数，功能是停止播放动画，并停在当前帧位置。

三、gotoAndPlay 命令（跳至……播放）

1. 使用格式

```
gotoAndPlay(frame)
```

参数说明：

frame　跳转到帧的标签名称或帧数。

该命令用来控制影片跳转到指定的帧，并开始播放。

2. 用法举例

```
gotoAndPlay(10)
```

以上动作代码的作用是：让播放头跳转到当前场景的第 10 帧并从该帧开始播放。

四、gotoAndStop 命令（跳至……停止播放）

1. 使用格式

```
gotoAndStop(frame)
```

参数说明：

frame　跳转到帧的标签名称或帧数。

该命令用来控制影片跳转到指定的帧，并停止在该帧。

2. 用法举例

```
gotoAndStop(10)
```

以上动作代码的作用是：让播放头跳转到当前场景的第 10 帧并停止在该帧。

五、stopAllSounds 命令（停止所有音轨）

使用格式：

```
stopAllSounds()
```

该命令没有参数,用来停止当前 FlashPlayer 中播放的所有声音。

六、if…else 语句(条件语句)

1. 使用格式

```
if (条件) {
语句 1;
} else {
语句 2;
}
```

当条件成立时,执行"语句 1"的内容;当条件不成立时,执行"语句 2"的内容。

2. 用法举例

```
if(a>b) {                    //判断 a 是否大于 b
trace("a>b");               //若成立,则输出 a>b
} else {
trace("b>=a");              //若不成立则输出 b>=a
}
```

七、switch…case…default 语句(条件语句)

1. 使用格式

```
switch (表达式) {
case 值 1:
执行语句 1;
break;
case 值 2:
执行语句 2;
break;
…
default:
语句;
}
```

先计算表达式的值,然后去各个 case 子句中寻找对应的执行语句。如果找不到对应的执行语句,就执行 default 后面的语句。

2. 用法举例

```
var n:Number =25;
switch (Math.floor(n/10)) {
```

```
case 1:
  trace("number=1"); break;
case 2:
  trace("number=2");
  break;
case 3:
  trace("number=3");
  break;
default:
  trace("number=?");
}
```

输出结果：

```
number=2
```

八、while 语句（循环语句）

1. 使用格式

```
while (条件) {
执行的代码块;
}
```

当"条件"成立时，程序就会一直执行"执行的代码块"；当"条件"不成立时，则跳过"执行的代码块"并结束循环。

2. 用法举例

```
var i:Number=10;          //定义一个数字型变量 i,并赋初值 10
while(i>=0) {             //先判断条件
trace(i);                //若条件成立,则输出 i
i=i-1;                   //i 自身减 1
}
```

输出结果：依次输出 10、9、8、7、6、5、4、3、2、1、0。

九、do…while 语句（循环语句）

1. 使用格式

```
do {
执行的代码块;
} while (条件)
```

先执行代码块，后判断条件。

2. 用法举例

```
var i:Number=10;
do {
trace(i);                        //先执行代码块输出 i
i=i-1;
} while (i>=0) //再判断条件
```

输出结果：依次输出 10、9、8、7、6、5、4、3、2、1。

十、for 语句（循环语句）

1. 使用格式

```
for (变量初值;表达式;变量更新表达式) {
执行的代码块；
}
```

2. 用法举例

对 1～100 之间的偶数求和。

```
Var i:Number=0;
var sum:Number=0;
for (i=0;i< =100;i=i+ 2) {
sum=sum+ i;
}
trace(sum);
```

输出结果：

```
2550
```

十一、function（自定义函数）

1. 使用格式

```
function 函数名(参数) {
执行的代码块；
return 表达式；
}
```

2. 用法举例

例1：定义一个输出函数 week()。

```
function week(){              //定义一个函数 week()
trace("Today is Monday");     //设置函数 week()的功能
}
```

当调用函数 week()时,输出结果:

```
Today is Monday。
```

例2：计算矩形的面积。

```
function Area(a:Number,b:Number){
var s:Number=a * b;
return s
}
trace("面积 S="+Area(5,8));
```

输出结果:

```
面积 S=40
```

十二、on()语句(按钮事件)

1. 使用格式

```
on (事件){
执行动作;
}
```

常见的按钮事件有以下几种。

(1) on(press):在按钮上按下鼠标左键,动作触发。

(2) on (release):在按钮上按下鼠标左键后再释放鼠标,动作触发。

(3) on(rollOver):鼠标移动到按钮上动作触发。

(4) on(rollOut):鼠标移出按钮区域动作触发。

2. 用法举例

制作一个按钮,并给该按钮添加如下动作代码:

```
on (release) {
trace("你单击了一次按钮");
}
```

运行结果:每单击一次按钮,就会输出一次"你单击了一次按钮"。

十三、按钮事件处理函数

1. 使用格式

```
按钮的实例名称.按钮事件处理函数 =function() {
执行的动作;
}
```

常见的按钮事件处理函数有以下几种。

（1）onPress：在按钮上按下鼠标左键时启用。

（2）on Release：在按钮上按下鼠标左键后再释放鼠标时启用。

（3）onRollOver：鼠标移动到按钮上时启用。

（4）onRollOut：鼠标移出按钮区域时启用。

2. 用法举例

制作一个按钮，设置该按钮的实例名为"my_btn"。选择该按钮所在的关键帧，添加如下动作代码：

```
my_btn.onRelease =function() {
trace("你单击了一次按钮");
}
```

运行结果：每单击一次按钮，就会输出一次"你单击了一次按钮"。

十四、onClipEvent()（影片剪辑事件）

1. 使用格式

```
onClipEvent(事件) {
执行的动作;
}
```

常见的影片剪辑事件有以下几种。

（1）onClipEvent(load)：影片剪辑被加载到目前时间轴时，动作触发。

（2）onClipEvent(unload)：影片剪辑被删除时，动作触发。

（3）onClipEvent(enterFrame)：当播放头进入影片剪辑所在的帧时，动作触发。

（4）onClipEvent(mouseMove)：当移动鼠标时，动作触发。

（5）onClipEvent(mouseDown)：当按下鼠标左键时，动作触发。

（6）onClipEvent(mouseUp)：当释放鼠标左键时，动作触发。

2. 用法举例

绘制一个五角星，将其转换为影片剪辑，并给该影片剪辑添加如下动作代码：

```
onClipEvent (enterFrame) {        //当播放头进入影片剪辑所在帧时
_rotation +=10;                   //让影片剪辑顺时针旋转,每次旋转10°
}
```

运行结果:影片剪辑五角星不断地旋转,每次旋转10°。

十五、影片剪辑事件处理函数

1. 使用格式

```
影片剪辑的实例名称.影片剪辑事件处理函数=function(){
执行的动作;
}
```

常见的影片剪辑事件处理函数有以下几种。

(1) onLoad:影片剪辑被加载到目前时间轴时启用。

(2) onUnload:影片剪辑被删除时启用。

(3) onEnterFrame:当播放头进入影片剪辑所在的帧时启用。

(4) onMouseMove:当移动鼠标时启用。

(5) onMouseDown:当按下鼠标左键时启用。

(6) onMouseUp:当释放鼠标左键时启用。

影片剪辑还有一些与按钮类似的事件处理函数,常见的有以下几种。

(1) onPress:在影片剪辑上按下鼠标左键时启用。

(2) on Release:在影片剪辑上按下鼠标左键后再释放鼠标时启用。

(3) onRollOver:鼠标移动到影片剪辑上时启用。

(4) onRollOut:鼠标移出影片剪辑时启用。

2. 用法举例

绘制一个五角星,将其转换为影片剪辑,设置该影片剪辑的实例名为"my_mc"。选择该影片剪辑所在的关键帧,添加如下动作代码:

```
my_mc.onEnterFrame =function() {   //当播放头进入影片剪辑"my_mc"所在帧时
my_mc._rotation +=10;              //让影片剪辑"my_mc"顺时针旋转,每次旋转10°
}
```

运行结果:影片剪辑"my_mc"不断地旋转,每次旋转10°。

十六、getURL 命令(获取超链接命令)

1. 使用格式

```
getURL(url,windows)
```

参数说明：

（1）url　是一个字符串，表示文档的 URL。

（2）windows　是一个可选的字符串，用来指定应将文档加载到其中的窗口或 HTML 框架。

2. 用法举例

制作一个按钮，并给该按钮添加如下动作代码：

```
on (press) {
getURL("http://www.cmpbook.com", _blank);
}
```

运行结果：单击该按钮会打开一个网页。

十七、loadMovie 命令（加载外部的 SWF 文件或图片）

1. 使用格式

```
loadMovie(url,target)
```

参数说明：

（1）url　要加载的 SWF 文件或图片文件所在的路径。

（2）target　对影片剪辑对象的引用或表示目标影片剪辑路径的字符串。目标影片剪辑将被加载的 SWF 文件或图像所替换。

2. 用法举例

例 1：在同一目录下要加载一个名为"my_mc.swf"的影片到主场景中。可先制作一个按钮，并给该按钮添加如下动作代码：

```
on (press) {
loadMovie("my_mc.swf", _root);
}
```

例 2：在同一目录要加载 SWF 文件 aa.swf，并替换舞台上已存在的名为 my_mc 的影片剪辑。可先制作一个按钮，并给该按钮添加如下动作代码：

```
on (press) {
loadMovie("aa.swf","my_mc");
}
```

例 3：在同一目录要加载图片文件 a.jpg，并替换舞台上已存在的名为 my_mc 的影片剪辑。可先制作一个按钮，并给该按钮添加如下动作代码：

```
on (press) {
loadMovie("a.jpg","my_mc");
}
```

十八、unloadMovie 命令（删除用 loadMovie 命令加载的 SWF 文件或图片）

1. 使用格式

```
unloadMovie(target)
```

参数说明：

target　要删除的影片剪辑对象或表示要删除的影片剪辑路径的字符串。

2. 用法举例

若要删除影片剪辑"my_mc"，可先制作一个按钮，并给该按钮添加如下动作代码：

```
on (press) {
unloadMovie("my_mc");
}
```

十九、starDrag 命令（拖动影片剪辑）

1. 使用格式

```
starDrag(traget,lock,left,top,right,bottom)
```

参数说明：

（1）traget　要拖动的影片剪辑的目标路径。

（2）lock　（可选）一个布尔值，指定可拖动影片剪辑是锁定到鼠标位置中央（true），还是锁定到用户首次单击该影片剪辑的位置上（false）。

（3）left、top、right、bottom　（Number、可选）相对于该影片剪辑的父级的坐标的值，用以指定该影片剪辑的约束矩形。

2. 用法举例

在舞台上制作一个影片剪辑，实例名称为"my_mc"，选择"my_mc"所在的关键帧添加如下动作代码：

```
my_mc.onEnterFrame=function() {
startDrag(my_mc,true,150,100,400,300);
}
```

以上动作代码的作用是：当播放头进入影片剪辑"my_mc"所在的帧时，允许鼠标拖动影片剪辑"my_mc"。参数 true 表示拖动影片剪辑时，鼠标位于影片剪辑中央。拖动范围为(150,100,400,300)。

二十、stopDrag 命令（停止当前的拖动操作）

1. 使用格式

```
stopDrag()
```

该命令没有任何参数

2. 用法举例

在舞台上制作一个影片剪辑，实例名称为"my_mc"，选择"my_mc"所在的关键帧添加如下动作代码：

```
my_mc.onPress=function() {
startDrag(my_mc, true);
}
my_mc.onRelease=function() {
stopDrag();
}
```

以上动作代码的作用是：当在影片剪辑上按下鼠标左键时，允许拖动影片剪辑"my_mc"。当在影片剪辑上按下鼠标左键后再释放鼠标时，停止拖动影片剪辑"my_mc"。

二十一、setProperty 命令（设置影片剪辑的属性）

1. 使用格式

```
setProperty(traget,property,value)
```

参数说明：

（1）traget   要设置其属性的影片剪辑的实例名称的路径。

（2）property   要设置的属性。

（3）value   属性的新的字面值，或者是计算结果为属性新值的等式。

2. 用法举例

以下是 setProperty 命令的具体用法：

```
setProperty("my_mc",_alpha,"55")        //设置影片剪辑"my_mc"的透明度为55%
setProperty("my_mc",_xscale,200)        //设置影片剪辑"my_mc"水平放大一倍
setProperty("my_mc",_visible,false)     //设置影片剪辑"my_mc"不可见
setProperty("my_mc",_rotation,60)       //设置影片剪辑"my_mc"顺时针旋转60°
```

二十二、getProperty 命令(获取影片剪辑属性的值)

1. 使用格式

```
getProperty(my_mc, property)
```

参数说明:

(1) my_mc　要检索其属性的影片剪辑的实例名称。

(2) property　影片剪辑的一个属性。

2. 用法举例

在舞台上制作一个影片剪辑,实例名称为"my_mc",选择"my_mc"所在的关键帧添加如下动作代码:

```
my_mc.onEnterFrame=function() {
if(getProperty("my_mc",_alpha)!=0) {
setProperty("my_mc",_alpha,getProperty("my_mc",_alpha)-5);
setProperty("my_mc",_xscale,getProperty("my_mc",_xscale)+10);
setProperty("my_mc",_yscale,getProperty("my_mc",_yscale)+10);
}
}
```

以上动作代码的作用是:不断获取和改变影片剪辑的透明度、水平缩放比和垂直缩放比。

二十三、duplicateMovieClip 命令(影片剪辑的动态复制)

1. 使用格式

```
duplicateMovieClip(target,newname,depth)
```

参数说明:

(1) target　要被复制的影片剪辑的实例名称。

(2) newname　复制出来的影片剪辑指定的名称。

(3) depth　复制出来的影片剪辑指定的深度值。

2. 用法举例

在舞台上制作一个影片剪辑,大小 60 像素×60 像素,位于舞台上方,实例名称为"my_mc"。选择"my_mc"所在的关键帧添加如下动作代码:

```
for (i=1;i<=3;i++) {
duplicateMovieClip("my_mc","new_mc"+i,i);
setProperty("new_mc"+i,_y,i*110);
setProperty("new_mc"+i,_xscale,i*200);
}
```

以上动作代码的作用如下。

（1）对"i"作循环，"i"的取值分别为 1、2、3。

（2）每次都以"my_mc"为样本，复制出一个新的影片剪辑。复制出的新影片剪辑名称分别为"new_mc1"、"new_mc2"、"new_mc3"。

（3）复制深度值取"i"，三个影片剪辑的深度分别为 1、2、3。

（4）复制出的三个影片剪辑的纵坐标_y 的取值是 i＊110，分别为 110、220、330；水平放大百分比为 i＊200，分别为 200、400、600。

二十四、attachMovie（将库中的影片剪辑动态添加到另一个影片剪辑中或舞台上）

1. 使用格式

```
anyMC.attachMovie(id,name,depth)
```

参数说明：

（1）id　库中要添加的影片剪辑的链接名称。这是在"链接属性"对话框的"标识符"字段中输入的名称。

（2）name　为被附加的影片剪辑指定的实例名称，必须是唯一的。

（3）depth　一个整数，指定 SWF 文件所放位置的深度级别。

（4）anyMC　表示将影片剪辑添加到的场景或影片剪辑。

如果将一个影片剪辑元件添加到另一个影片剪辑内部，被添加的影片剪辑元件将位于另一个影片剪辑的中心。如果将一个影片剪辑元件添加到舞台上，则该影片剪辑元件位于舞台的坐标原点。

2. 用法举例

新建一个影片剪辑元件，在该元件的编辑窗口中，导入一幅图片，大小为 250 像素×160 像素，位于舞台中心。打开"库"面板，设置该影片剪辑的"链接标识符"为"tp"。选择时间轴的第 1 帧添加如下动作代码：

```
_root.attachMovie("tp","new_mc",1);
new_mc._x=270;
new_mc._y=200;
```

以上动作代码的作用是：将库中"链接标识符"为"tp"的影片剪辑添加到舞台上，横坐标为 270，纵坐标为 200。

二十五、removeMovieClip（删除动态添加的影片剪辑）

1. 使用格式

```
removeMovieClip(target)
```

参数说明：

target　要删除的影片剪辑的实例名称。

2. 用法举例

可以用下面的语句删除动态添加的影片剪辑实例"mymc"。

```
removeMovieClip("mymc")
```

二十六、createEmptyMovieClip（动态创建空影片剪辑）

1. 使用格式

```
myMC.createEmptyMovieClip(name,depth)
```

参数说明：

（1）myMC　要在其中创建空影片剪辑的实例名称，或是当前层的主时间轴。

（2）name　要创建的新影片剪辑的实例名称。

（3）depth　创建的新影片剪辑的深度值。

2. 用法举例

例 1：下面的动作代码在名为"my_mc"的影片剪辑中创建一个名为"new_mc"的新影片剪辑，新影片剪辑的深度值为 1。

```
my_mc.createEmptyMovieClip("new_mc", 1)
```

例 2：下面的动作代码在舞台上创建一个名为"new_mc"的新影片剪辑，新影片剪辑的深度值为 1。

```
_root.createEmptyMovieClip("new_mc", 1)
```

二十七、常用的影片剪辑属性

（1）_x：影片剪辑在舞台中的 x 坐标。

（2）_y：影片剪辑在舞台中的 y 坐标。

（3）_rotation：影片剪辑的旋转角度。

（4）_alpha：影片剪辑的透明度。

（5）_visible：影片剪辑是否可见。

（6）_width：影片剪辑的宽度。

（7）_height：影片剪辑的高度。

（8）_xscale：影片剪辑的水平缩放百分比。

（9）_yscale：影片剪辑的垂直缩放百分比。

（10）_xmouse：鼠标的 x 坐标。

（11）_ymouse：鼠标的 y 坐标。

【思考练习】

1. Flash CS5 的"动作"面板由哪三部分组成？
2. Flash CS5 的动作脚本用于循环的语句有哪些？

【实训课堂】

利用脚本语言设计制作一个鼠标跟随动画。

附录

附录1 国务院办公厅转发财政部等部门关于推动我国动漫产业发展若干意见的通知

国办发[2006]32号

各省、自治区、直辖市人民政府,国务院各部委、各直属机构:

财政部、教育部、科技部、信息产业部、商务部、文化部、税务总局、工商总局、广电总局、新闻出版总署《关于推动我国动漫产业发展的若干意见》已经国务院同意,现转发给你们,请认真贯彻执行。

国务院办公厅

二○○六年四月二十五日

关于推动我国动漫产业发展的若干意见

财政部　教育部　科技部　信息产业部　商务部　文化部

税务总局　工商总局　广电总局　新闻出版总署

动漫产品是广大人民群众特别是未成年人喜爱的文化产品。发展动漫产业对于满足人民群众精神文化需求,促进社会主义先进文化和未成年人思想道德建设,推动文化产业发展,培育新的经济增长点都具有重要意义。近年来,我国动漫产业发展较快,一批动漫企业崭露头角,但也要看到,我国动漫产业的发展与人民群众不断增长的精神文化需要和不断发展的市场需求之间还有很大差距,与动漫产业发达的国家差距更大。为推动我国动漫产业健康快速发展,现提出以下意见:

一、推动动漫产业发展的指导思想、基本思路和发展目标

（一）动漫产业是指以"创意"为核心,以动画、漫画为表现形式,包含动漫图书、报刊、电影、电视、音像制品、舞台剧和基于现代信息传播技术手段的动漫新品种等动漫直接产品的开发、生产、出版、播出、演出和销售,以及与动漫形象有关的服装、玩具、电子游戏等衍生产品的生产和经营的产业。

（二）指导思想。按照繁荣和发展社会主义先进文化与构建和谐社会的要求,促进弘扬中华民族优秀文化、内容积极健康、贴近群众的动漫产品的创作,满足人民群众精神文化需求,为未成年人健康成长营造良好氛围。按照发展社会主义市场经济的要求,逐步形成产业体系相对完整、结构布局日趋合理、整体技术水平先进、市场竞争有序、经济效益显著的动漫产业发展格局。

(三)基本思路。立足我国动漫产业发展实际,按照社会主义市场经济发展和社会主义先进文化建设的特点和规律,努力消除影响动漫产业发展的体制、机制和制度性障碍,为动漫产业发展营造良好的社会环境和市场条件。采取切实有效措施,增强我国动漫产业自主良性发展的能力。重点支持国内企业自主研发、具有我国自主知识产权的动漫图书、报刊、电影、电视、音像制品、舞台剧和基于现代信息传播技术手段的动漫新品种等动漫直接产品的开发、生产、出版、播出、演出和销售。鼓励与动漫形象有关的服装、玩具、电子游戏等衍生产品的生产和经营。

(四)发展目标。通过政策推动,逐步形成艺术形象创作、动漫产品生产供应和销售环环相扣的成熟动漫产业链;打造若干个实力雄厚、具有国际竞争力的大型动漫龙头企业,培育一批充满活力、专业性强的中小型动漫企业,创造一批有中国风格和国际影响的动漫品牌。力争用 5 至 10 年时间,使国产原创动漫产品的生产数量大幅增加、产品质量明显提高、技术创新能力持续增强、精品力作不断涌现,动漫产业创作开发和生产能力跻身世界动漫大国和强国行列,在逐步占据国内主要市场的同时,积极开拓国际市场。

(五)建立扶持动漫产业发展部际联席会议制度。部际联席会议由文化部牵头,教育部、科技部、财政部、信息产业部、商务部、税务总局、工商总局、广电总局、新闻出版总署等部门负责同志参加,办公室设在文化部。

二、加大投入力度,重点支持原创行为,推动形成成熟的动漫产业链

(六)中央财政设立扶持动漫产业发展专项资金。专项资金主要用于支持优秀动漫原创产品的创作生产、民族民间动漫素材库建设,以及建立动漫公共技术服务体系等动漫产业链发展的关键环节。有关地方人民政府要采取有效措施,加大投入,积极支持动漫原创行为,推动形成成熟动漫产业链。

(七)建立优秀原创动漫产品评选、奖励和推广机制。设立国家级动漫原创大奖,奖励内容健康、艺术性强、创新度高、深受群众喜爱的我国动漫原创产品。支持和鼓励动漫原创产品的播出、演出、出版,通过举办各种动漫原创大赛和展览等活动,推广动漫原创产品。

(八)鼓励动漫出版和播映机构增加国产动漫产品的出版、刊载和播出比例,采取有效措施增加对出版、刊载、播出和演出的国产动漫产品的成本补偿。

三、支持动漫企业发展,增强市场竞争能力

(九)加大投融资支持力度,鼓励动漫企业建立现代企业制度。消除阻碍社会资本进入动漫产业的各种障碍,鼓励利用中小企业创业投资有关基金加大对动漫产业的风险投资,鼓励我国有实力的大型企业通过参股、控股或兼并等方式进入动漫产业,鼓励非公有资本平等地投资和参与各类动漫产品的研究开发和创作生产。按照《外商投资产业指导

目录》和文化领域引进外资有关政策,引导外商投资各类动漫产品的研究开发和创作生产。政策性银行对符合条件的动漫企业要提供融资支持。将具备条件的动漫中小企业纳入"科技型中小企业技术创新基金"资助范围。优先安排符合条件的动漫企业境内上市融资。

(十)经国务院有关部门认定的动漫企业自主开发、生产动漫产品,可申请享受国家现行鼓励软件产业发展的有关增值税、所得税优惠政策;动漫企业自主开发、生产动漫产品涉及营业税应税劳务的(除广告业、娱乐业外),暂减按 3% 的税率征收营业税。享受上述优惠政策的动漫产品和企业的范围及管理办法,由财政部和税务总局会同有关部门另行制定。

(十一)经国务院有关部门认定的动漫企业自主开发、生产动漫直接产品,确需进口的商品可享受免征进口关税及进口环节增值税的优惠政策。具体免税商品范围及管理办法由财政部会同有关部门另行制定。

四、支持国家动漫产业基地建设,促进动漫"产、学、研"一体发展

(十二)积极支持建设集人才教育与培训、技术研发与服务、龙头企业集约发展、中小型企业孵化以及国际经济技术合作等多功能一体的国家动漫产业基地。部际联席会议要做好国家动漫产业基地的布局和规划,制订基地相关标准,负责基地的认定,建立有关评估机制。

(十三)新认定的国家动漫产业基地建设,要优先与高新技术开发区和软件园区建设相结合,充分利用已有的政策、技术、服务、场所等条件。

(十四)国家动漫产业基地实行优胜劣汰机制,每三年进行一次评估和调整。

五、支持动漫核心技术研发,为动漫产业发展提供技术保障

(十五)科技、信息产业等部门要通过现有渠道加大对动漫产业发展中基础性、战略性和前瞻性核心技术的研发和产业化支持力度,积极推动动漫技术设备和公共技术平台支撑服务体系与共享机制的建立。

(十六)鼓励国内外企业、科研院所、高等院校等通过各种方式,向有关单位提供动漫创作工具和相关服务。

六、支持动漫人才培养,增强动漫产业发展后劲

(十七)发挥国内教育与培训资源优势。要把动漫人才培养纳入国家文化艺术类人才培养规划并给予适当支持。按照市场需求和动漫产业发展趋势,完善动漫人才培养成本分担机制,扩大人才培养规模,改革人才培养模式,积极利用职业教育、现代远程教育等方式培养动漫人才。通过举办创作比赛、建立兴趣小组等方式,培养和引导公众对动漫产品的创作兴趣和消费习惯,扩大国产动漫产品的影响。充分发挥动漫企业、科研院所、行业协会、高等教育和职业教育等机构和单位的积极性,开展动漫技术与人才培训。

(十八)积极利用海外优势教育资源。以动漫产业需求为导向,通过"出国留学经费"等渠道来培养动漫教师队伍和优秀人才;聘请海外动漫创意、技术和企业经营管理专家来华讲学和工作。

七、加强市场监管和知识产权保护，为动漫产业发展营造良好环境

（十九）加强动漫产业知识产权保护。保护知识产权是动漫产业生存发展的根本保障，要积极鼓励动漫作品著作权登记，依法采取措施重点保护动漫产品的知识产权，加强对动漫运营市场的监管，严厉打击各种走私、侵权和盗版动漫产品的行为。

（二十）加强对引进动漫产品的审查，确保动漫产品内容积极健康。

八、支持动漫产品"走出去"，拓展动漫产业发展空间

（二十一）建立健全动漫产业海外服务支撑体系。支持我国动漫企业开拓海外市场，适当补助动漫产品出口译制经费。通过"中小企业国际市场开拓资金"渠道，积极鼓励和支持优秀国产动漫作品和产品到海外参展。中国进出口银行可以为动漫企业出口动漫产品提供出口信贷支持。积极利用国家出口信用保险促进动漫产品海外市场营销。

（二十二）企业出口动漫产品享受国家统一规定的出口退（免）税政策。企业出口动漫版权可适当予以奖励。对动漫企业在境外提供劳务获得的境外收入不征营业税，境外已缴纳的所得税款可按规定予以抵扣。

九、倡导行业自律，推动动漫产业健康有序发展

（二十三）各级文化、广电、新闻出版和信息产业等部门要对动漫产业实行行业管理和监督。鼓励根据动漫产业发展的集聚程度成立不同层次的动漫行业协会，支持行业协会配合政府部门制定行业标准和动漫分级制度，畅通企业和政府之间的沟通渠道，保障和促进动漫产业健康有序发展。各级行业协会开展活动所需经费由协会成员共同承担，也可经过批准接受一定的社会赞助。

十、做好动漫行业标准制定和享受扶持政策的动漫企业认定工作

（二十四）动漫产业行业标准和享受本意见规定政策的动漫企业认定标准由部际联席会议制定。

（二十五）对享受本意见规定政策的动漫企业实行年审制度。年审不合格的企业，不再享受有关优惠政策。

（二十六）享受本意见规定政策动漫企业的认定和年审组织工作由省级以上文化、广电、新闻出版、信息产业、税务等部门具体负责实施。

十一、加强组织领导和协调配合，共同推动动漫产业发展

（二十七）各地区、各有关部门要按照本意见要求，统一思想，提高认识，加强组织领导，把推动动漫产业发展列入议事日程，认真抓好各项政策法规的落实。国务院有关部门要相互支持，加强协调配合，及时研究解决动漫产业发展中的重大问题，共同推动动漫产业发展。

（二十八）各省、自治区、直辖市人民政府和国务院有关部门要按照本意见精神，结合实际，制定配套实施细则和具体政策措施。

附录 2 关于扶持动漫产业发展增值税、营业税政策的通知

财税［2011］119 号

各省、自治区、直辖市、计划单列市财政厅（局）、国家税务局、地方税务局，新疆生产建设兵团财务局：

为促进我国动漫产业健康快速发展，增强动漫产业的自主创新能力，现就扶持动漫产业发展的增值税、营业税政策通知如下。

一、关于增值税

对属于增值税一般纳税人的动漫企业销售其自主开发生产的动漫软件，按 17% 的税率征收增值税后，对其增值税实际税负超过 3% 的部分，实行即征即退政策。动漫软件出口免征增值税。上述动漫软件，按照《财政部　国家税务总局关于软件产品增值税政策的通知》（财税［2011］100 号）中软件产品相关规定执行。

二、关于营业税

对动漫企业为开发动漫产品提供的动漫脚本编撰、形象设计、背景设计、动画设计、分镜、动画制作、摄制、描线、上色、画面合成、配音、配乐、音效合成、剪辑、字幕制作、压缩转码（面向网络动漫、手机动漫格式适配）劳务，以及动漫企业在境内转让动漫版权交易收入（包括动漫品牌、形象或内容的授权及再授权），减按 3% 税率征收营业税。

动漫企业和自主开发、生产动漫产品的认定标准和认定程序，按照《文化部 财政部国家税务总局关于印发〈动漫企业认定管理办法（试行）〉的通知》（文市发［2008］51 号）的规定执行。

三、本通知执行时间自 2011 年 1 月 1 日至 2012 年 12 月 31 日。《财政部国家税务总局关于扶持动漫产业发展有关税收政策问题的通知》（财税［2009］65 号）第一条、第三条规定相应废止。

财政部　国家税务总局

二〇一一年十二月二十七日

附录 3 Flash 快捷键大全

1. 工具类

箭头工具　V

部分选取工具　A

线条工具　N

套索工具　L

钢笔工具　P

文本工具　T

椭圆工具　O

矩形工具　R

铅笔工具　Y

画笔工具　B

任意变形工具　Q

填充变形工具　F

墨水瓶工具　S

颜料桶工具　K

滴管工具　I

橡皮擦工具　E

手形工具　H

缩放工具　Z,M

2. 菜单命令类

新建 Flash 文件　Ctrl＋N

打开 FLA 文件　Ctrl＋O

作为库打开　Ctrl＋Shift＋O

关闭　Ctrl＋W

保存　Ctrl＋S

另存为　Ctrl＋Shift＋S

导入　Ctrl＋R

导出影片　Ctrl＋Shift＋Alt＋S

发布设置　Ctrl＋Shift＋F12

发布预览　Ctrl＋F12

发布　Shift＋F12

打印　Ctrl＋P

退出 Flash　Ctrl＋Q

撤销命令　Ctrl＋Z

剪切到剪贴板　Ctrl＋X

复制到剪贴板　Ctrl＋C

粘贴剪贴板内容　Ctrl＋V

粘贴到当前位置　Ctrl＋Shift＋V

清除　Back Space

复制所选内容　Ctrl＋D

全部选取　Ctrl＋A

取消全选　Ctrl＋Shift＋A

剪切帧　Ctrl＋Alt＋X

复制帧　Ctrl＋Alt＋C

粘贴帧　Ctrl＋Alt＋V

清除帧　Alt＋Back Space

选择所有帧　Ctrl＋Alt＋A

编辑元件　Ctrl＋E

首选参数　Ctrl＋U

转到第一个　Home

转到前一个　PgUp

转到下一个　PgDn

转到最后一个　End

放大视图　Ctrl＋＋

缩小视图　Ctrl＋－

100％显示　Ctrl＋1

缩放到帧大小　Ctrl＋2

全部显示　Ctrl＋3

按轮廓显示　Ctrl＋Shift＋Alt＋O

高速显示　Ctrl＋Shift＋Alt＋F

消除锯齿显示　Ctrl＋Shift＋Alt＋A

消除文字锯齿　Ctrl＋Shift＋Alt＋T

显示隐藏时间轴　Ctrl＋Alt＋T

显示隐藏工作区以外部分　Ctrl＋Shift＋W

显示隐藏标尺　Ctrl＋Shift＋Alt＋R

显示隐藏网格　Ctrl＋'

对齐网格　Ctrl＋Shift＋'

编辑网络　Ctrl＋Alt＋G

显示隐藏辅助线　Ctrl＋;

锁定辅助线　Ctrl＋Alt＋;

对齐辅助线　Ctrl＋Shift＋;

编辑辅助线　Ctrl＋Shift＋Alt＋G

对齐对象　Ctrl＋Shift＋/

显示形状提示　Ctrl＋Alt＋H

显示隐藏边缘　Ctrl＋H

显示隐藏面板　F4

转换为元件　F8

新建元件　Ctrl＋F8

新建空白帧　F5

新建关键帧　F6

删除帧　Shift＋F5

删除关键帧　Shift＋F6

显示隐藏场景工具栏　Shift＋F2

修改文档属性　Ctrl＋J

优化　Ctrl＋Shift＋Alt＋C

添加形状提示　Ctrl＋Shift＋H

缩放与旋转　Ctrl＋Alt＋S

顺时针旋转 90°　Ctrl＋Shift＋9

逆时针旋转 90°　Ctrl＋Shift＋7

取消变形　Ctrl＋Shift＋Z

移至顶层　Ctrl＋Shift＋↑

上移一层　Ctrl＋↑

下移一层　Ctrl＋↓

移至底层　Ctrl＋Shift＋↓

锁定　Ctrl＋Alt＋L

解除全部锁定　Ctrl＋Shift＋Alt＋L

左对齐　Ctrl＋Alt＋1

水平居中　Ctrl＋Alt＋2

右对齐　Ctrl＋Alt＋3

顶对齐　Ctrl＋Alt＋4

垂直居中　Ctrl＋Alt＋5

底对齐　Ctrl＋Alt＋6

按宽度均匀分布　Ctrl＋Alt＋7

按高度均匀分布　Ctrl＋Alt＋9

设为相同宽度　Ctrl＋Shift＋Alt＋7

设为相同高度　Ctrl＋Shift＋Alt＋9

相对舞台分布　Ctrl＋Alt＋8

转换为关键帧　F6

转换为空白关键帧　F7

组合　Ctrl＋G

取消组合　Ctrl＋Shift＋G

打散分离对象　Ctrl＋B

分散到图层　Ctrl＋Shift＋D

字体样式设置为正常　Ctrl＋Shift＋P

字体样式设置为粗体　Ctrl＋Shift＋B

字体样式设置为斜体　Ctrl＋Shift＋I

文本左对齐　Ctrl＋Shift＋L

文本居中对齐　Ctrl＋Shift＋C

文本右对齐　Ctrl＋Shift＋R

文本两端对齐　Ctrl＋Shift＋J

增加文本间距　Ctrl＋Alt＋→

减小文本间距　Ctrl＋Alt＋←

重置文本间距　Ctrl＋Alt＋↑

播放停止动画　Enter

后退　Ctrl＋Alt＋R

单步向前　＞

单步向后　＜

测试影片　Ctrl＋Enter

调试影片　Ctrl＋Shift＋Enter

测试场景　Ctrl＋Alt＋Enter

启用简单按钮　Ctrl＋Alt＋B

新建窗口　Ctrl＋Alt＋N

显示隐藏工具面板　Ctrl＋F2

显示隐藏时间轴　Ctrl＋Alt＋T

显示隐藏属性面板　Ctrl＋F3

显示隐藏解答面板　Ctrl＋F1

显示隐藏对齐面板　Ctrl＋K

显示隐藏混色器面板　Shift＋F9

显示隐藏颜色样本面板　Ctrl＋F9

显示隐藏信息面板　Ctrl＋I

显示隐藏场景面板　Shift＋F2

显示隐藏变形面板　Ctrl＋T

显示隐藏动作面板　F9

显示隐藏调试器面板　Shift＋F4

显示隐藏影版浏览器　Alt＋F3

显示隐藏脚本参考　Shift＋F1

显示隐藏输出面板　F2

显示隐藏辅助功能面板　Alt＋F2

显示隐藏组件面板　Ctrl＋F7

显示隐藏组件参数面板　Alt＋F7

显示隐藏库面板　F11

参 考 文 献

参考书目：

[1] 张惠临. 二十世纪中国动画艺术史[M]. 西安：陕西人民出版社，2002

[2] 山东出版社编辑部. 漫画中的历史[M]. 济南：山东画报出版社，2002

[3] 丁聪. 丁聪老漫画[M]. 北京：生活·读书·新知三联书店出版社，2004

[4] 刘小林，钱博弘. 动画概论[M]. 武汉：武汉理工大学出版社，2004

[5] 吕江. 卡通产品设计[M]. 南京：东南大学出版社，2005

[6] 吴冠英. 动画造型设计[M]. 北京：清华大学出版社，2006

[7] 金辅堂. 动画艺术概论[M]. 北京：中国人民大学出版社，2006

[8] 于胜军. 造型·动漫造型设计[M]. 北京：中国电影出版社，2006

[9] 李铁，张海力. 动画场景设计[M]. 北京：北方交通大学出版社，2006

[10] 汪宁，高博. 中外动漫史[M]. 上海：上海人民美术出版社，2007

[11] 孙立军，董立荣. 动画创作技法[M]. 北京. 清华大学出版社，2007

[12] 李晓斌，高鹏. Flash 动画设计——新手入门篇[M]. 北京：中国青年出版社，2007

[13] 吴尧瑶. 世界动漫艺术概论[M]. 上海：上海人民美术出版社，2007

[14] 邓林. 世界动漫产业发展概论[M]. 上海：上海交通大学出版社，2008

[15] 王权. Flash CS4 动画设计 200 例[M]. 北京：电子工业出版社，2009

[16] 龙飞. Flash CS4 完全自学教程[M]. 北京：北京希望电子出版社，2010

[17] 温明剑. Flash CS4 动画制作教程[M]. 北京：清华大学出版社，2010

[18] 彭宗琴. Flash 中文版基础与实训案例教程[M]. 北京：电子工业出版社，2010

[19] 朱印宏. Flash CS4 基础与案例教程[M]. 北京：机械工业出版社，2010

[20] Adobe 公司. Adobe Flash CS5 中文版经典教程[M]. 陈宗斌，译. 北京：人民邮电出版社，2011

[21] 刘宏，张艳. Flash CS4 动画设计与制作技术[M]. 北京：化学工业出版社，2013

推荐网站：

[1] 互动百科. http://www.baike.com

[2] 百度百科. http://baike.baidu.com

[3] 设计在线. http://www.dolcn.com

[4] 视觉中国. http://www.shijue.me/home

[5] 百度图片. http://image.baidu.com

[6] 百度文库. http://wenku.baidu.com

[7] 视觉同盟. http://www.visionunion.com

[8] 国家动漫产业网. http://www.dongman.gov.cn

[9] 中国动漫网. http://www.comic.gov.cn

[10] 腾讯动漫网. http://comic.qq.com